Processos da indústria química

Alberthmeiry Teixeira de Figueiredo
Cristiano Morita Barrado

intersaberes

inter saberes

Rua Clara Vendramin, 58 | Mossunguê
CEP 81200-170 | Curitiba-PR | Brasil
Fone: (41) 2106-4170
www.intersaberes.com
editora@intersaberes.com

Conselho editorial
- Dr. Alexandre Coutinho Pagliarini
- Dr.ª Elena Godoy
- Dr. Neri dos Santos
- M.ª Maria Lúcia Prado Sabatella

Editora-chefe
- Lindsay Azambuja

Gerente editorial
- Ariadne Nunes Wenger

Assistente editorial
- Daniela Viroli Pereira Pinto

Preparação de originais
- Giovani Silveira Duarte

Edição de texto
- Didascálica Comunicação
- Letra & Língua Ltda. – ME

Capa e projeto gráfico
- Luana Machado Amaro (*design*)
- RGtimeline/Shutterstock (imagem)

Diagramação
- Bruno Palma e Silva

Equipe de *design*
- Luana Machado Amaro
- Charles L. da Silva

Iconografia
- Regina Claudia Cruz Prestes
- Sandra Lopis da Silveira

Dados Internacionais de Catalogação na Publicação (CIP)
(Câmara Brasileira do Livro, SP, Brasil)

Figueiredo, Alberthmeiry Teixeira de
    Processos da indústria química / Alberthmeiry Teixeira de Figueiredo, Cristiano Morita Barrado. -- Curitiba: Editora Intersaberes, 2023. -- (Série química em processo)

    Bibliografia.
    ISBN 978-65-5517-197-6

    1. Indústria química 2. Química industrial 3. Processos químicos 4. Tecnologia química I. Barrado, Cristiano Morita. II. Título. III. Série.

22-134662   CDD-540

Índices para catálogo sistemático:
1. Química industrial   540

Cibele Maria Dias - Bibliotecária - CRB-8/9427

1ª edição, 2023.

Foi feito o depósito legal.

Informamos que é de inteira responsabilidade dos autores a emissão de conceitos.

Nenhuma parte desta publicação poderá ser reproduzida por qualquer meio ou forma sem a prévia autorização da Editora InterSaberes.

A violação dos direitos autorais é crime estabelecido na Lei n. 9.610/1998 e punido pelo art. 184 do Código Penal.

Sumário

Apresentação ◻ 5

Como aproveitar ao máximo este livro ◻ 7

Capítulo 1

Processo de fabricação de celulose e de papel ◻ 11

1.1 Composição química da madeira ◻ 13
1.2 Preparo da polpa de celulose ◻ 20
1.3 Branqueamento ◻ 36
1.4 Fabricação do papel ◻ 42
1.5 Reciclagem do papel ◻ 46

Capítulo 2

Produção de óleos e gorduras ◻ 55

2.1 Estudo dos óleos e das gorduras ◻ 57
2.2 Óleos essenciais ◻ 65
2.3 Equipamentos, preparação e extração ◻ 71
2.4 Gorduras vegetais ◻ 85
2.5 Biodiesel ◻ 89

Capítulo 3

Produção de sabões e detergentes ◻ 102

3.1 Química do sabão ◻ 105
3.2 Química dos detergentes ◻ 112
3.3 Características dos sabões e dos detergentes ◻ 117
3.4 Tensão superficial e remoção de sujeira ◻ 123
3.5 Tensoativos ◻ 128

Capítulo 4
Siderurgia e obtenção do aço □ 137
4.1 Matérias-primas e seu preparo □ 140
4.2 Minério de ferro □ 143
4.3 Processo siderúrgico □ 147
4.4 Ligas metálicas □ 156
4.5 Reciclagem do ferro □ 164

Capítulo 5
Processo de fabricação de cimento □ 173
5.1 Etapas de fabricação do cimento □ 176
5.2 Produção via seca □ 180
5.3 Formação do clínquer □ 182
5.4 Características do cimento □ 191
5.5 Estruturas de cimento □ 200

Capítulo 6
Processo cloro-álcalis □ 209
6.1 Características do processo de obtenção de cloro-álcalis □ 210
6.2 Meios de obtenção do cloro □ 217
6.3 Principais aplicações e setores de consumo do cloro □ 226
6.4 Meios de obtenção da soda cáustica □ 232
6.5 Principais aplicações e setores de consumo da soda cáustica □ 238

Considerações finais □ 246
Referências □ 247
Bibliografia comentada □ 253
Respostas □ 256
Sobre os autores □ 262

Apresentação

A química industrial é de grande importância para a sociedade moderna, já que os processos desenvolvidos nessa atividade resultam tanto em produtos acabados (vendidos diretamente ao consumidor final) quanto naqueles que são utilizados como matéria-prima para outras indústrias de transformação. Isso revela a complexidade que dá a tônica ao trabalho do profissional da química, que é quem planeja, organiza e padroniza as operações industriais referentes à fabricação dos produtos.

Como não seria possível, em uma única obra, abarcar todo o conteúdo pertinente à produção industrial, selecionamos seis processos químicos para compor este trabalho, contemplando cada um deles em um capítulo próprio e bem detalhado, no qual discutimos a transformação química de matérias-primas provenientes da natureza. Os processos em questão são: fabricação de celulose e de papel (Capítulo 1); produção de óleos e gorduras (Capítulo 2), assim como de sabões e detergentes (Capítulo 3); siderurgia e obtenção do aço (Capítulo 4); fabricação de cimento (Capítulo 5); e cloro-álcalis (Capítulo 6). Ao final de cada capítulo, propomos sempre alguns questionamentos para que o leitor compreenda os pontos essenciais de cada processo químico, em uma análise centrada na importância da química na obtenção do produto.

Essa seleção de conteúdos é uma tarefa difícil, mas solidamente embasada na relevância estratégica desses setores para a economia nacional, visto que todos apresentam altos volumes de produção nas indústrias nacionais e, certamente, desempenham papel fundamental nas economias e nos sistemas produtivos de todo o mundo.

Nesta obra, portanto, a abordagem é voltada à discussão dos conceitos químicos mais relevantes para cada processo industrial apresentado. Trata-se de uma proposta pensada especialmente para os profissionais químicos, mas outros profissionais de áreas correlatas também podem dela se valer para obter uma visão ampla do processo industrial.

Como aproveitar ao máximo este livro

Empregamos nesta obra recursos que visam enriquecer seu aprendizado, facilitar a compreensão dos conteúdos e tornar a leitura mais dinâmica. Conheça a seguir cada uma dessas ferramentas e saiba como estão distribuídas no decorrer deste livro para bem aproveitá-las.

Introdução do capítulo
Logo na abertura do capítulo, informamos os temas de estudo e os objetivos de aprendizagem que serão nele abrangidos, fazendo considerações preliminares sobre as temáticas em foco.

Importante!
Algumas das informações centrais para a compreensão da obra aparecem nesta seção. Aproveite para refletir sobre os conteúdos apresentados.

Curiosidade
Nestes boxes, apresentamos informações complementares e interessantes relacionadas aos assuntos expostos no capítulo.

Síntese
Ao final de cada capítulo, relacionamos as principais informações nele abordadas a fim de que você avalie as conclusões a que chegou, confirmando-as ou redefinindo-as.

Atividades de autoavaliação
Apresentamos estas questões objetivas para que você verifique o grau de assimilação dos conceitos examinados, motivando-se a progredir em seus estudos.

Atividades de aprendizagem

Aqui apresentamos questões que aproximam conhecimentos teóricos e práticos a fim de que você analise criticamente determinado assunto.

Bibliografia comentada

Nesta seção, comentamos algumas obras de referência para o estudo dos temas examinados ao longo do livro.

Capítulo 1

Processo de fabricação de celulose e de papel

O Brasil é o segundo maior produtor de celulose do mundo, atrás apenas dos Estados Unidos. A produção nacional está concentrada na celulose de fibra curta, sendo o país o maior produtor mundial desse recurso. Em 2017, o Brasil gerou 19,4 milhões de toneladas de celulose, e, desse total, 68% da produção é exportada. A produção nacional de papel naquele mesmo ano foi de 10,4 milhões de toneladas (Correa, 2020; FAO, 2020). Para tanto, o Brasil, além de aproveitar a celulose produzida nacionalmente, importou (e vem importando) celulose de fibra longa, principalmente para produção de papel-jornal.

No decorrer do tempo, vários materiais foram utilizados para fabricação de papel, por exemplo, fibras de vegetais arbustivos, como o papiro e o linho. Atualmente, a madeira representa a quase totalidade da matéria-prima desse processo. As razões para isso são que a madeira tem custo relativamente baixo, é abundante, é um recurso natural renovável e tem a capacidade de absorver água entre seus componentes, hidratando-se, inchando e tornando-se mais flexível.

A celulose é o componente estrutural da parede celular dos vegetais. Ela é um polímero de origem orgânica, sendo uma matéria-prima abundante na natureza. A indústria do papel utiliza essa matéria-prima para produzir os diferentes tipos de papéis de interesse comercial. A celulose vem de vegetais produtores de madeira (coníferas e folhosas); no Brasil, a madeira empregada como matéria-prima para a produção de pasta celulósica provém, principalmente, do eucalipto (folhosa).

No que diz respeito à escolha do eucalipto como matéria-prima, como este é um livro voltado para químicos e para a parte química do processo de produção de celulose e papel, as especificidades dessa planta não serão discutidas; contudo, para uma compreensão aprofundada da anatomia da planta, do curto período de produção, do alto rendimento em celulose de fibra curta, da resistência às pragas, entre outros aspectos que fazem com que o eucalipto sirva a esse fim, recomendamos que o leitor busque referências específicas.

1.1 Composição química da madeira

A madeira tem uma composição elementar de cerca de 50% de carbono, 6% de hidrogênio, 44% de oxigênio e traços de vários íons metálicos, sendo os principais cálcio, magnésio e potássio. Quanto ao aspecto molecular, ela é essencialmente constituída por lignina, hemicelulose, celulose e extrativos. A composição desses constituintes na madeira varia de acordo com a parte da árvore (raiz, caule ou galho), a espécie da madeira, a localização geográfica, o clima e as condições do solo.

Figura 1.1 – Composição química da madeira

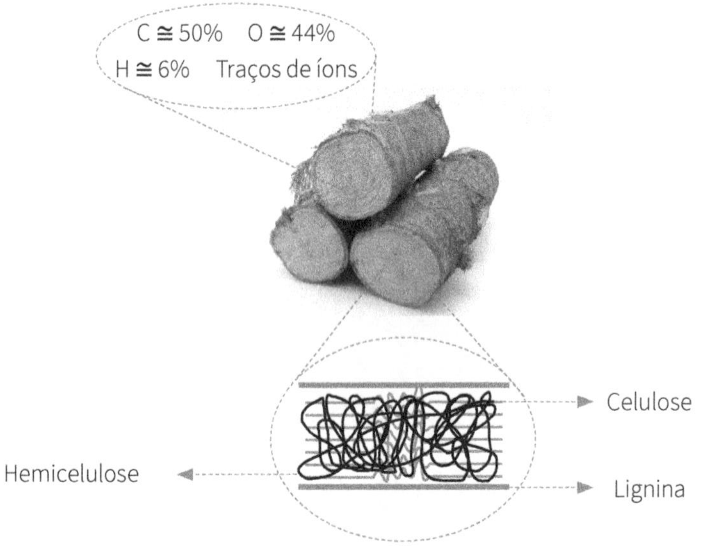

C ≅ 50%   O ≅ 44%
H ≅ 6%   Traços de íons

Hemicelulose
Celulose
Lignina

Cmnaumann/Shutterstock

1.1.1 Lignina

A palavra *lignina* tem origem no latim e significa "madeira". Em conjunto com a celulose, é responsável pela rigidez das células vegetais, entre outras funções biológicas. É uma macromolécula formada pela polimerização de três álcoois precursores que dão origem às unidades fenilpropanoides denominadas siringil (S), guaiacil (G) e p-hidroxifenil (H).

A composição da lignina (proporção S/G) é um importante parâmetro de qualidade da madeira para produção de celulose – mais que isso, esse é um critério mais relevante do que o teor de lignina para a geração de papel. A relação entre as unidades fenilpropanoides H, S e G na planta depende, principalmente, da espécie, mas também pode variar conforme a localização geográfica da planta.

A lignina é um polímero aromático, amorfo, com alto peso molecular, tendo como base estrutural unidades fenilpropanoides (C_6-C_3 ou C_9), conforme demonstra a Figura 1.2, a seguir.

Figura 1.2 – Estruturas químicas dos constituintes da lignina

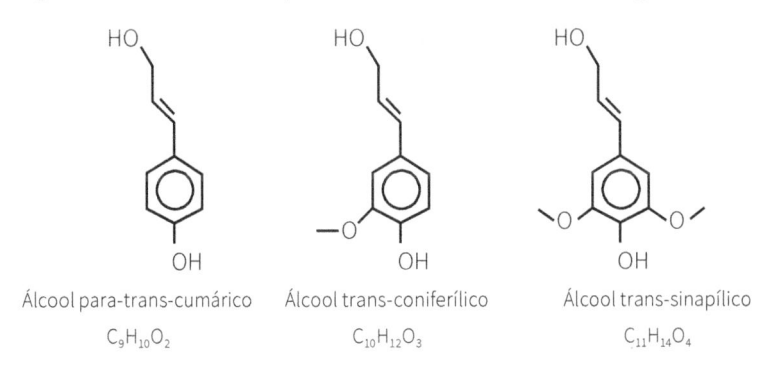

Álcool para-trans-cumárico	Álcool trans-coniferílico	Álcool trans-sinapílico
$C_9H_{10}O_2$	$C_{10}H_{12}O_3$	$C_{11}H_{14}O_4$

A composição da parede celular tem de 18% a 35% de lignina; no entanto, para as indústrias de papel e de celulose, a lignina não é desejável. A lignina degrada quando exposta ao ar, o que confere uma tonalidade amarelada ao papel. No processo de produção de papel, uma etapa relevante é a separação da lignina da polpa por meio da solubilização desta. A solubilização do polímero em questão passa pela quebra das ligações que formam esse retículo, gerando fragmentos menores e mais fáceis de serem dissolvidos.

A lignina pode ser considerada um retículo constituído por cadeias lineares curtas e entrelaçadas, formando uma estrutura tridimensional infinita. Nos processos industriais de produção de papel e de celulose, recorre-se ao tratamento químico da madeira, com a finalidade de quebrar a estrutura tridimensional e aumentar a solubilidade da lignina, utilizando-se, para isso, um meio básico, o que favorece a hidrólise de radicais ligados aos anéis aromáticos da molécula.

Para determinados fins, a lignina não necessita ser completamente retirada durante o processo – como é o caso do papelão e do papel para jornal. Vale lembrar que a indústria de papel e celulose atribui um destino importante para a lignina solubilizada e extraída. A queima desses compostos orgânicos solúveis da lignina gera calor, que é aproveitado no próprio processo, reduzindo, assim, significativamente, os custos de operação da planta.

1.1.2 Hemicelulose

A hemicelulose não é um composto químico, mas sim uma classe de compostos químicos poliméricos. Sua presença é fundamental para a estabilidade da parede celular, pois liga-se covalentemente à lignina e, através de ligação de hidrogênio, à celulose.

Um polissacarídeo é um polímero formado por cadeias de monossacarídeos ligados glicosidicamente. Essa ligação pode ser descrita pela condensação de dois monossacarídeos mediante uma ligação covalente. Nesse sentido, a hemicelulose é uma mistura de polissacarídeos de baixa massa molecular que está presente na parede celular de células vegetais intimamente ligadas à celulose, representando entre 20% e 35% da biomassa. Para a formação das hemiceluloses, diversos tipos de monossacarídeos, em proporções variadas, podem ser utilizados. Diferentemente da celulose, que é formada por um único monômero, as hemiceluloses podem ter várias unidades de açúcares diferentes, de 5 ou 6 átomos de carbono. Geralmente, elas são classificadas de acordo com o principal monossacarídeo presente em sua composição, como xilana e manana, formados por xilose e manose, respectivamente.

As polioses isoladas da madeira são misturas complexas de polissacarídeos, sendo os mais importantes: glucouranoxilanas, arabinoglucouranoxilanas, galactoglucomananas, glucomananas e arabinogalactanas. A glucouranoxilanas é a principal hemicelulose das plantas folhosas, abrangendo de 20% a 35% de sua massa seca. Já nas madeiras coníferas, a principal poliose é a galactoglucomanana, podendo constituir até 20% de sua massa seca.

As hemiceluloses são amorfas e têm massas molares pequenas. Além disso, sua configuração estrutural é irregular e ramificada. Essas características são muito importantes para a produção de papel, pois, por conta delas, as hemiceluloses absorvem água facilmente e tornam as fibras mais flexíveis, o que reduz o tempo e a energia consumidos no processo.

No processo de formação da folha do papel, deve ocorrer a secagem da fibra. Em razão de sua estrutura amorfa, a hemicelulose, ao secar, perde a elasticidade e aumenta o contato fibra-fibra. Em geral, pastas com alto teor de hemicelulose produzem papéis de baixa opacidade e com elevada resistência à tração. No entanto, teores elevados de hemicelulose podem causar decréscimos nessas mesmas propriedades.

1.1.3 Celulose

A celulose é o componente principal dos tecidos vegetais e confere rigidez e firmeza às plantas. Em termos químicos, é formada por monômeros de glicose – entre 15 e 15 mil unidades –, que são unidos por ligações glicosídicas. Portanto, ela é um carboidrato do tipo polissacarídeo, formada por monômeros de glicose. Também pode ser considerada um polímero de glicose. Em sua conformação preferencial, as unidades de glicose adjacentes estão rotacionadas a 180 °C em relação às unidades de glicose vizinhas; assim, a hidroxila localizada em C_3 forma uma ligação de hidrogênio com o oxigênio heterocíclico da unidade vizinha.

Figura 1.3 – Estrutura química da celulose

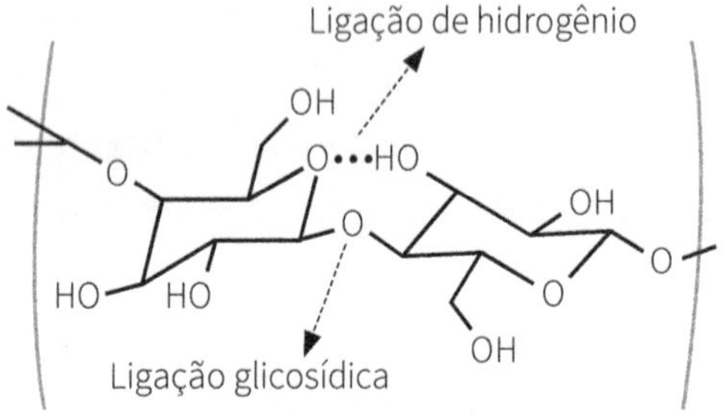

Uma molécula de celulose pode ter áreas com configuração ordenada, rígida e inflexível em sua estrutura (celulose cristalina) e outras áreas de estruturas flexíveis (celulose amorfa). Essas regiões não têm fronteiras bem-definidas, mas pode ser notada uma diminuição da ordem estrutural da região cristalina para a região amorfa. As regiões cristalinas constituem as regiões da fibra que são mais resistentes à tração, à absorção de solvente e ao alongamento. Por outro lado, na região amorfa, podem ocorrer absorção de água e inchamento da fibra.

A relação da água com a celulose merece maior destaque. Embora seja insolúvel em água, a celulose pode absorvê-la pelo processo que se convenciona chamar de *intumescimento da fibra*, pois tem grande afinidade com a água e outros solventes polares. O diâmetro da fibra pode aumentar em até 25% pela absorção de água, que penetra principalmente nas regiões amorfas, mas também pode entrar nas regiões cristalinas da celulose. Outra propriedade interessante da celulose é chamada de *histerese*. Quando a celulose absorve água e incha, ela não mais consegue eliminar toda água absorvida; quando ocorre a dessorção da água, ligações de hidrogênio água-celulose são rompidas e formam-se ligações de hidrogênio celulose-celulose. Essas novas ligações não são facilmente rompidas, sendo preciso maior energia para rompê-las.

Existem dois tipos principais de celulose: fibra curta e fibra longa. As plantas folhosas são ricas em fibras curtas, ao passo que as coníferas são ricas em fibras longas. A celulose de fibra longa, originária de espécies coníferas como o pinus – plantado no Brasil –, tem comprimento entre 2 mm e 5 mm. A celulose de fibra curta, com 0,5 mm a 2 mm de comprimento, deriva principalmente do eucalipto.

1.1.4 Componentes secundários

Os componentes químicos da madeira que não fazem parte de sua estrutura são denominados *secundários* ou *acidentais*. A percentagem comum desses componentes é de 2% a 3% nas folhosas e de até 10% em certas coníferas. Geralmente, eles têm baixa massa molecular e podem estar associados a algumas propriedades da madeira, como cheiro, cor, gosto etc. Alguns íons de metais são essenciais à vida da planta, como K^+, Ca^{2+} e Mg^{2+}.

A maioria dos componentes acidentais é solúvel em solventes orgânicos ou água, chamados de *extrativos*, que são compostos majoritariamente orgânicos, tais como terpenos, flavonoides, gorduras, ceras, ácidos graxos, álcoois, esteroides e hidrocarbonetos de elevada massa molecular. Os que não são solúveis são denominados *não extrativos* (cinzas) e são formados principalmente pelos compostos inorgânicos, mas também podem ter pectinas.

1.2 Preparo da polpa de celulose

A separação e o isolamento das fibras de celulose da madeira bruta em uma pasta fibrosa integram o processo de polpação. Como já destacamos, a madeira utilizada como matéria-prima é composta basicamente por fibras de celulose e de hemicelulose unidas pela lignina. Nessa etapa, faz-se necessário o desprendimento de energia na forma mecânica ou química para o rompimento dessa estrutura, removendo ou solubilizando a lignina. A combinação de processos também é realizada, como os processos químico-mecânico e semiquímico.

A polpação está diretamente relacionada com o tipo de fibra

utilizado e as propriedades do produto final, considerando-se também a viabilidade econômica e, nas décadas recentes, as questões de preservação ambiental.

1.2.1 Processo mecânico

Nesse processo, não se utilizam tratamentos químicos na polpa; emprega-se somente a energia mecânica. As toras de madeira descascadas são desfibriladas por intermédio de moinhos ou de trituradores na presença de água, para facilitar o processo e diminuir a temperatura gerada pelo atrito, que pode chegar perto de 180 °C. A polpa resultante é constituída por uma mistura dos componentes iniciais da madeira, não sendo deslignificada, o que resulta em um alto rendimento – a chamada *pasta de alto rendimento*.

O conceito de *rendimento* pode servir de parâmetro de classificação dos processos de extração e ser representado pela relação percentual entre o peso absoluto da celulose seca (bruta, depurada ou rejeito) e o peso do material lignocelulósico empregado. Se a pasta tiver valores superiores a 80%, pode ser classificada como de alto rendimento. A Tabela 1.1 expressa esses valores.

Tabela 1.1 – Faixa de rendimento correspondente aos processos utilizados na polpação

Processo	Rendimento (%)
Mecânico	90-97
Químico-mecânico e semiquímico	65-90
Químico	45-65

O alto consumo de energia no processo de moagem é amenizado pelo rendimento elevado, tornando o custo-benefício favorável. Contudo, na pasta não há uma uniformização das fibras, ou seja, não há forma ou tamanho definidos, o que leva a um papel pouco resistente de baixa qualidade. Sua alvura é limitada, e, devido às impurezas, degrada na presença de luz ou pelo armazenamento prolongado, amarelando e desfazendo-se. A adição de pequenas porcentagens de pasta com fibras mais longas (processo químico) melhora as propriedades, favorecendo o uso em papéis de uso rápido (descartáveis após o uso), como os higiênicos, os guardanapos, o papelão, as revistas e os jornais.

A associação de reagentes químicos ao processo mecânico promove um amolecimento da madeira, diminuindo a energia demandada pelo processo de desfibrilização mecânica. Assim, temos:

- **Processo químico-mecânico**: os cavacos sofrem um pré-tratamento brando, com solução diluída de hidróxido de sódio (NaOH) a 2,5% por 20 minutos a frio, antes da etapa mecânica de moagem, para quebrar as forças coesivas intramoleculares. A definição *químico-termo-mecânico* é empregada quando a solução química de hidróxido de sódio é utilizada quente, em temperaturas perto de 130 °C, e, nesse caso, a pasta apresenta características mais próximas ao processo mecânico.
- **Processo semiquímico**: desenvolvido inicialmente para tratamento de restos de cavacos de madeira dura. Também é dividido em duas etapas, e, antes da moagem, esses cavacos são tratados quimicamente de modo mais agressivo, com reagentes mais concentrados – como carbonatos e sulfitos de

sódio (Na_2CO_3 e Na_2SO_3) – e em temperaturas mais elevadas, próximas de 160 °C, por período de tempo que varia de 30 a 60 minutos. Essa condição não só quebra as forças coesivas intramoleculares, mas também solubiliza uma parte da lignina e da hemicelulose, gerando um papel com características mais próximas às do produzido no processo químico.

1.2.2 Processo químico

O processo químico, por não utilizar altas forças mecânicas de cisalhamento para a separação das fibras durante a polpação, resulta em uma polpa com fibras mais homogêneas e menos danificadas. O pH envolvido nesses processos pode variar entre ácido e básico, em função dos reagentes químicos aplicados, como ilustrado na Figura 1.4.

Figura 1.4 – Classificação do processo em função do pH utilizado

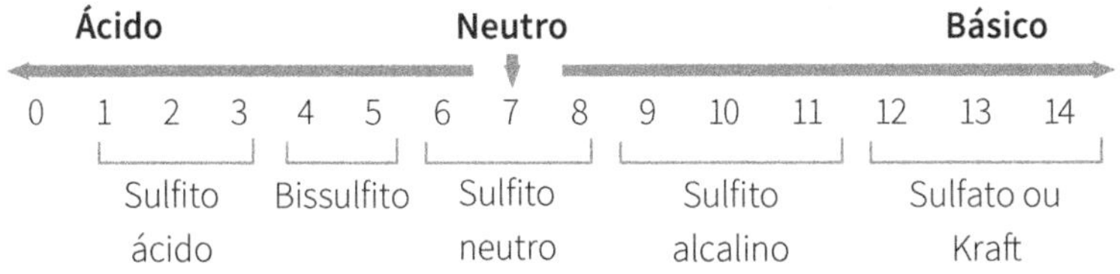

Ácido	Neutro	Básico
0 1 2 3 4 5	6 7 8 9 10 11	12 13 14
Sulfito ácido / Bissulfito / Sulfito neutro	Sulfito alcalino	Sulfato ou Kraft

O rendimento absoluto, quando em comparação ao processo mecânico, apresenta valor bem inferior; todavia, a polpa desse primeiro é mais pura quando se considera o teor de celulose. Os reagentes químicos utilizados facilitam a solubilização da lignina e da hemicelulose, possibilitando sua separação da polpa final. Sem os possíveis interferentes, o papel produzido com essa polpa se sobressairá em termos de resistência mecânica e de degradação, além de, quando branqueado, apresentar maior alvura. Isso faz com que a utilização do processo químico, atualmente, seja significativamente superior na produção mundial e também na individual, ao se analisar, por exemplo, o caso do Brasil. A comparação entre os processos pode ser acompanhada no Gráfico 1.1.

Gráfico 1.1 – Evolução da produção de celulose por tipo

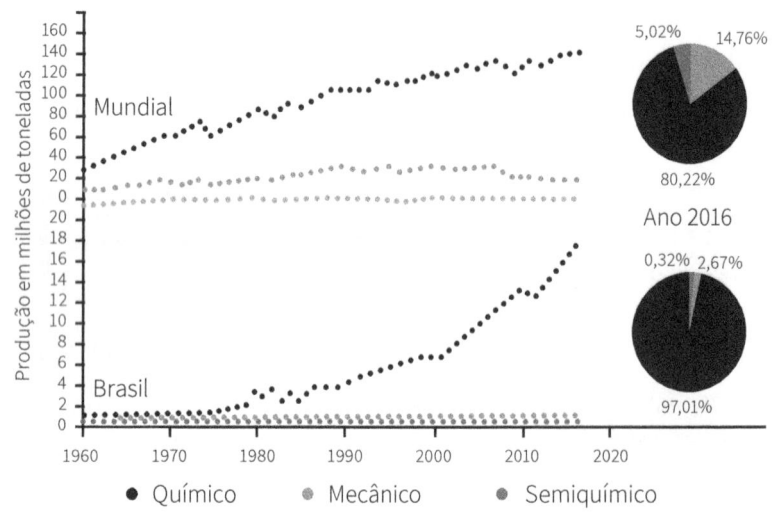

[Gráfico: Produção em milhões de toneladas, Mundial e Brasil, 1960-2020. Legenda: Químico, Mecânico, Semiquímico. Gráficos de pizza para o Ano 2016: Mundial – 80,22%, 14,76%, 5,02%; Brasil – 97,01%, 2,67%, 0,32%]

Fonte: Elaborado com base em FAO, 2020.

Os processos químicos também sofreram adaptações e evoluções com o passar do tempo, ajustando-se ao mercado em função da oferta de matérias-primas e da legislação vigente, com destaque para as questões ambientais. Entre os processos químicos, destacam-se o sulfito, a soda e o sulfato (Kraft). Atualmente, há predominância no uso do processo básico, mais especificamente o processo Kraft, como observado no Gráfico 1.2.

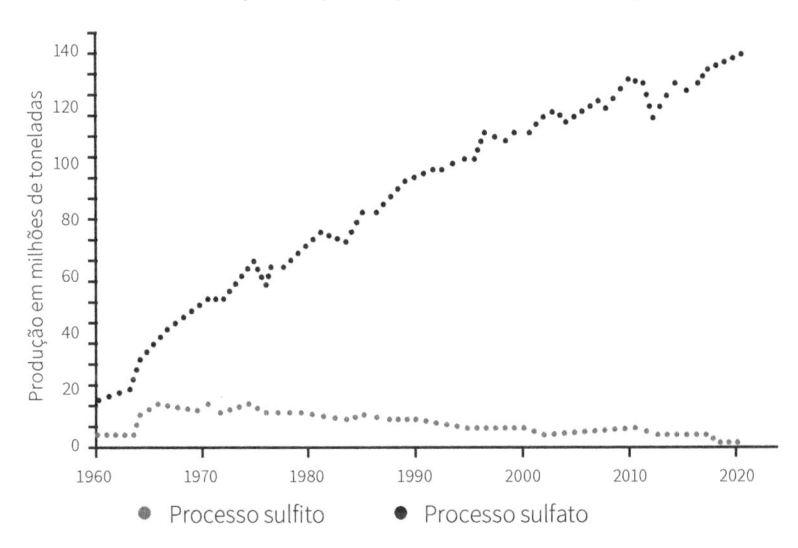

Gráfico 1.2 – Evolução da produção de celulose por tipo

● Processo sulfito   ● Processo sulfato

Fonte: Elaborado com base em FAO, 2020.

Processo sulfito

Em consonância com o aumento da demanda decorrente da Revolução Industrial, o químico americano Benjamin Chew Tilghman, em 1867, aproveitando sua experiência de trabalhos anteriores com o ácido sulfuroso (H_2SO_3), propôs o processo definido como *sulfito*. Este foi responsável pelo impulsionamento da fabricação de celulose na era moderna. A solução ácida utilizada no tratamento dos cavacos de madeira chamada de *licor* continha sulfito de cálcio ($CaSO_3$) e SO_2. Os precursores para a formação do sulfito (pedra calcária e enxofre) eram extremamente abundantes e baratos na época, viabilizando a produção e justificando seu domínio por aproximadamente cem anos. As facilidades, inclusive, evitavam preocupações com a recuperação do licor residual, já que o produto da queima desse licor é o sulfato de cálcio ($CaSO_4$), impróprio para retornar ao licor inicial. Tentativas de recuperação desse licor e diminuição energética do processo foram promovidas em meados de 1955, a partir da substituição do cálcio por outras bases catiônicas, como Na^+, Mg^{2+} e NH_4^+.

A utilização de diferentes bases influencia o pH do meio, definindo algumas derivações do processo sulfito, como demonstrado na Tabela 1.2, a seguir.

Tabela 1.2 – Derivações do processo sulfito

Processo	Bases catiônicas	pH de operação	Rendimento (%)
Sulfito ácido	Ca^{2+}, Mg^{2+}, Na^+, NH_4^+	1-3	45-55
Bissulfito	Mg^{2+}, Na^+, NH_4^+	4-5	50-65
Sulfito neutro	Na^+, NH_4^+	6-8	75-90
Sulfito alcalino	Na^+	>9	45-60

Fonte: Elaborada com base em Sixta; Pottthast; Krotschek, 2006.

A preparação do licor sulfito, chamado de *licor ácido de cozimento*, envolve inicialmente a queima do enxofre elementar em temperaturas na faixa de 1.200 °C a 1.500 °C, formando o dióxido de enxofre (SO_2).

Equação 1.1

$$S_{(s)} + O_{2(g)} \rightleftharpoons SO_{2(g)}$$

O gás formado é então resfriado à temperatura de 40 °C. É importante ter um cuidadoso controle de ar (O_2) tanto na queima do enxofre quanto no resfriamento do dióxido de enxofre, a fim de evitar a formação do trióxido de enxofre (SO_3), que é um gás bastante corrosivo, com potencial de ataque nos equipamentos e nos reatores utilizados no processo.

Equação 1.2

$$SO_{2(s)} + 1/2\ O_{2(g)} \rightleftharpoons SO_{3(g)}$$

O bissulfito é formado quando o SO_2 entra em contato com solução aquosa das bases catiônicas de interesse.

Equação 1.3

$$SO_{2(g)} + H_2O_{(l)} \rightleftharpoons H_2SO_{3(aq)}$$

Equação 1.4

$$CaCO_{3(aq)} + 2H_2SO_{3(aq)} \rightleftharpoons Ca(HSO_3)_2 + CO_{2(g)} + H_2O_{(l)}$$

A parte de SO_2 livre, que não reagiu na formação do bissulfito, é responsável pelo pH do processo representado na Tabela 1.2.

A polpa obtida nesse processo tem a vantagem de já apresentar uma alvura próxima de 60%, favorecendo seu uso em uma gama de papéis, sem necessitar da etapa de branqueamento. Entretanto, o ataque ácido utilizado, apesar de não dissolver a celulose e a hemicelulose, chega a degradar uma parte considerável, refletindo na qualidade do papel produzido, que se caracteriza por baixa resistência, amarelamento e esfarelamento com o passar do tempo.

Com as questões ambientais ganhando importância na Europa a partir de 1960, o tratamento do licor residual tornou-se obrigatório. Em muitos casos, principalmente de pequenas empresas, esse efluente era simplesmente descartado nos rios. O problema foi que os custos de adicionar mais uma etapa ao processo desestabilizou a viabilidade dele, levando ao fechamento da maioria das fábricas, fato determinante para o encerramento do domínio do processo sulfito e o despontamento do processo sulfato, ou Kraft, que atualmente é o mais utilizado.

Processo soda

Em 1851, dois ingleses, Hugh Burgess e Charles Watt, atentos à falta de matéria-prima da época, propuseram a utilização de solução alcalina concentrada de hidróxido de sódio (NaOH) quente no processo de deslignificação da madeira descascada, procedimento patenteado em 1853 na Inglaterra e em 1854 nos Estados Unidos e denominado *processo soda*. No entanto, apesar de ser bem simples, sua viabilidade estava comprometida por não ter um método eficaz de tratamento no licor residual que reaproveitasse o álcali precursor. Burgess e Keen contornaram essa situação com um método de evaporação e de queima do licor, patenteado em 1865, com recuperação de 85% do álcali.

Esse processo nunca teve um auge: a polpa resultante sempre foi desprestigiada por apresentar baixa alvura, sobretudo quando comparada ao processo sulfito, que era dominante na época. Assim, o processo soda foi substituído quase por completo com o surgimento do processo Kraft, que será visto a seguir. A despeito disso, atualmente ainda é usado em consequência de pesquisas com aditivos, para facilitar a polpação.

Processo sulfato, ou Kraft

Em meio aos problemas com o licor residual encontrados pelo método sulfito e a pouca aceitação do processo soda, em 1879, o químico alemão Carl F. Dahl promoveu um salto no processo de polpação, que prepondera até atualmente. Dahl substituiu o carbonato de sódio (Na_2CO_3), que estava bem valorizado à época, por sulfato de sódio (Na_2SO_3). Essa troca não só diminuiu os custos relacionados ao precursor (como a presença do sulfato no licor, que é posteriormente reduzido a sulfeto na fornalha), mas também proporcionou uma ação deslignificadora mais rápida, com aumento do rendimento em um ciclo de cozimento menor. A denominação *processo sulfato* pode parecer inapropriada, já que o agente ativo no cozimento é o sulfito; contudo, refere-se ao fato de as perdas alcalinas serem repostas por sulfato de sódio.

Fato curioso é que esse tempo de cozimento inferior foi identificado acidentalmente, em uma fábrica na Suécia, quando, por engano, retirou-se a pasta antes do tempo estabelecido, até então igual ao processo soda. Imaginando-se que a pasta estaria ainda dura, tentou-se aproveitá-la como uma pasta semiquímica. Para a surpresa de todos, a polpa resultante apresentou resistência até então inalcançada – daí a denominação *kraft*, palavra alemã que significa "força". A pasta obtida era bem escura (por isso ficou conhecida como *celulose marrom*) e de difícil branqueamento, principalmente quando comparada à celulose obtida pelo procedimento sulfito, barreira que só foi superada a partir de 1940, com a utilização do dióxido de cloro, quando passou a atingir a alvura desejada.

O processo é extremamente vantajoso em razão da liberdade de aproveitar praticamente qualquer espécie de madeira, até mesmo as resinosas. Além disso, reduz o tempo de cozimento, a pasta é muito resistente e, quando branqueada, apresenta níveis elevados de alvura. O licor residual, denominado *licor negro*, teve, com o passar do tempo, diversas melhorias em sua recuperação, e hoje as perdas de reagente e de geração de poluição ambiental são bem minimizadas. Por fim, apresenta como desvantagens o odor gerado pelo sulfeto e o alto custo de branqueamento.

Podemos dividir o processo de produção da celulose pelo processo Kraft nas seguintes etapas: (A) preparo da matéria-prima; (B) digestão dos cavacos; (C) lavagem e depuração; e (D) recuperação química e energética. Um fluxograma simplificado pode ser visto na Figura 1.5.

Figura 1.5 – Principais etapas do processo Kraft

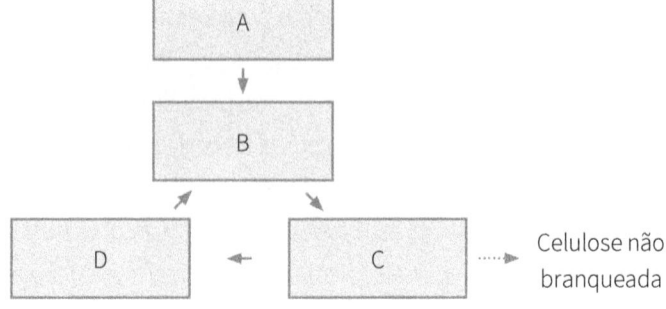

A seguir, vejamos as etapas individualmente.

(A) Preparo da matéria-prima

Essa etapa pode ser mais bem visualizada em cinco subetapas, conforme mostra a Figura 1.6.

Figura 1.6 – Etapas de tratamento da madeira

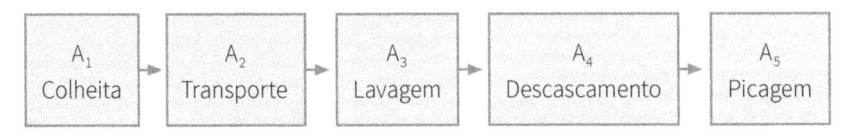

A_1 Colheita	A_2 Transporte	A_3 Lavagem	A_4 Descascamento	A_5 Picagem

Atualmente, a **colheita (A_1)** da matéria-prima (árvores) é feita de maneira mecanizada por máquinas especializadas que já a cortam no tamanho desejado e limpam os galhos e as folhas. O **transporte (A_2)** é realizado por intermédio de caminhões até as unidades de armazenamento. As toras, por seu turno, passam pela etapa de **lavagem (A_3)** para remoção de resíduos que podem diminuir a vida útil das serras dos picadores. Em seguida, ocorre o **descascamento (A_4)**, etapa necessária porque as cascas apresentam baixos teores de fibras, que, seguindo no processo, acabariam aumentando o consumo de reagentes no cozimento e levariam impurezas de difícil eliminação no produto. Diferentes tipos de descascadores podem ser empregados: fricção (tambor ou bolsa), corte (faca ou anel) e hidráulico. As cascas passam por prensagens para retirada de umidade e são utilizadas como combustíveis em caldeiras. Em algumas fábricas, o descascamento é executado na própria floresta, e as cascas já ficam depositadas no solo, como complemento de matéria orgânica. A redução das toras em pedaços menores (cavacos) para facilitar o cozimento é conhecida como **picagem (A_5)**.

O picador deve ser dimensionado adequadamente para resultar em cavacos com homogeneidade na forma e em dimensões, características fundamentais para a padronização da quantidade de licor utilizado na impregnação e para o tempo necessário de cozimento. Os cavacos superdimensionados são separados e retornam ao picador, ao passo que os danificados e muito pequenos (farpas ou finos) são direcionados como combustíveis às caldeiras.

(B) Digestão dos cavacos

Os cavacos selecionados são direcionados a reatores chamados de *digestores*, podendo ser contínuos ou de bateladas. É neles que ocorrerá a digestão (cozimento). O solvente consiste em uma solução de NaOH entre 10% e 20% e de Na_2S de 20% a 30%, conhecida como *licor branco*. A relação licor-madeira varia de 3% a 5%. Esse tratamento químico é conduzido em temperaturas próximas a 170 °C e, ao chegar a essa temperatura, nela permanece entre 1 e 2 horas, dependendo do tipo de madeira.

As reações químicas envolvidas na digestão não são totalmente entendidas e ainda são objetos de estudos. O que é sabido é que os íons hidróxidos (OH^-) e hidrogenossulfetos (HS^-) presentes no licor branco promovem a dissolução de aproximadamente 80% da lignina, 50% da hemicelulose e 10% da celulose presentes nos cavacos. Com toda essa matéria orgânica dissolvida, o licor, inicialmente branco, passa a ter uma coloração escura, sendo por isso denominado *licor negro*. A mistura entre massa e licor é transferida para um tanque de descarga por diferença de pressão, no qual ocorre a separação da polpa com aspecto castanho, chamada de *polpa marrom*.

(C) Lavagem e depuração

A polpa obtida é encaminhada para um processo de lavagem com água quente para separação dos resíduos solúveis gerados no cozimento, que ainda estão impregnados em suas fibras, entre eles estão licor negro e lignina. Para isso, é utilizado um sistema de entrada de água contra o fluxo de entrada da polpa, a fim de possibilitar uma efetividade maior com uma menor quantidade de água, diminuindo, assim, o volume de efluente. Para a retirada dos resíduos sólidos (insolúveis) – como areia, cavacos não cozidos e partículas metálicas (exemplo: ferrugem de encanação) –, utiliza-se o sistema de depuração. Os sistemas mais utilizados são o de peneira e o de centrifugação. Após esse processo, a polpa tem cor de madeira, recebe a definição de celulose não branqueada e pode ser utilizada diretamente na fabricação do papel Kraft, conhecido como *papel pardo*.

(D) Recuperação química e energética

Os efluentes gerados no digestor e na lavagem da polpa marrom, chamados de *licor negro*, são ricos em matéria orgânica (aproximadamente metade da massa da madeira inicial) e têm também uma variedade de sais de sódio provenientes do início ou dos subprodutos das reações.

Diferentemente do processo sulfito, a etapa de recuperação química e energética do processo Kraft foi aprimorada com o passar do tempo e é uma das grandes vantagens dele. Isso porque: (a) se adequou às questões ambientais, não descartando os efluentes em cursos de água e reaproveitando as matérias orgânicas com grande potencial calorífico encontradas no licor; (b) tornou algumas empresas autossuficientes em energia; e (c) diminuiu a reposição constante de reagentes iniciais. Esses destaques fizeram com que esse processo domine atualmente a produção de celulose, que é dividida em três subetapas, conforme mostra a Figura 1.7, a seguir.

Figura 1.7 – Etapas da produção da polpa de celulose

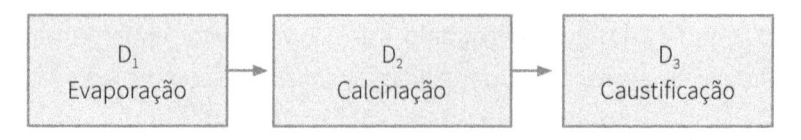

D_1 Evaporação	→	D_2 Calcinação	→	D_3 Caustificação

O licor inicial é bastante diluído, com concentração de sólidos em torno de 15%. Esse teor tem de ser aumentado para possibilitar a queima na caldeira de recuperação, necessitando passar por um processo de **evaporação (D_1)**. Primeiramente, utiliza-se um evaporador de múltiplo efeito, levando a um aumento na concentração de sólidos para 50%; em seguida, recorre-se a um evaporador de contato direto, que resulta em uma solução concentrada entre 60% e 70% de sólidos, denominada *licor negro forte*. Todos os processos de evaporação utilizam os próprios vapores gerados na caldeira.

Em seguida, o licor negro concentrado é bombeado para a caldeira de **calcinação (D_2)** em temperaturas próximas de 1.100 °C, queimando toda a matéria orgânica presente e produzindo vapor e gás carbônico (CO_2).

Equação 1.5

Matéria orgânica + $O_{2(g)}$ → $CO_{2(g)}$ + $H_2O_{(v)}$

A alta pressão de vapor gerada pode ser utilizada na cogeração de energia elétrica por turbinas. O gás carbônico entra em equilíbrio na água, formando ácido carbônico (H_2CO_3), que reage com o hidróxido de sódio presente no licor, e precipitando o carbonato de sódio (Na_2CO_3).

Equação 1.6

$$CO_{2(g)} + H_2O_{(l)} \rightleftharpoons H_2CO_{3(aq)}$$

Equação 1.7

$$H_2CO_{3(aq)} + 2NaOH_{(aq)} \rightleftharpoons Na_2CO_{3(s)} + 2H_2O_{(l)}$$

Para ajustar os teores de Na_2S, algumas empresas adicionam Na_2SO_4 nessa etapa, aproveitando, assim, a temperatura do processo e o carbono proveniente da queima da matéria orgânica para reduzir o enxofre. Essa recomposição também pode ser realizada solubilizando-se o enxofre elementar diretamente no licor branco.

Equação 1.8

$$Na_2SO_{4(s)} + 2C_{(s)} \rightarrow Na_2S_{(s)} + 2CO_{2(g)}$$

Ao final da calcinação, sobram a parte inorgânica – que tem em sua composição basicamente os compostos utilizados no início do processo –, carbonato e sulfeto de sódio. O resíduo sólido é coletado e dissolvido em água quente, resultando em uma solução esverdeada chamada de *licor verde*.

A última etapa de recuperação, a **caustificação (D_3)**, tem por objetivo converter o licor verde em licor branco. O primeiro passo é obter o hidróxido de sódio a partir do carbonato e, para isso, utiliza-se cal virgem (CaO). O óxido, ao reagir com água, forma a base hidróxido de cálcio:

Equação 1.9

$$CaO_{(s)} + H_2O_{(l)} \rightarrow Ca(OH)_{2(aq)}$$

A reação entre o hidróxido de cálcio e o carbonato de sódio resulta no reagente de partida NaOH presente no licor branco:

Equação 1.10

$$Na_2CO_{3(aq)} + Ca(OH)_{2(aq)} \rightarrow 2NaOH_{(aq)} + CaCO_{3(s)}$$

O carbonato precipitado, juntamente a outros sólidos ainda em suspensão, pode facilmente ser removido por filtração ou decantação. A solução resultante é composta por NaOH e Na_2S, licor branco, sendo utilizada novamente no início do processo. Se tiver ocorrido alguma perda desses precursores no processo, faz-se necessária a reposição, com vistas a atingir as concentrações adequadas. Finaliza-se essa etapa calcinando-se o sólido separado (basicamente carbonato de cálcio) e recuperando-se o óxido de cálcio:

Equação 1.11

$$CaCO_{3(s)} \xrightarrow{\Delta} CaO_{(s)} + CO_{2(g)}$$

1.3 Branqueamento

A polpa após o processo de cozimento tem uma tonalidade que pode variar do marrom ao cinza, em função do teor de lignina residual. O branqueamento é um processo físico-químico de purificação que objetiva uma melhora na alvura e na brancura da pasta celulósica, solubilizando ou degradando a lignina e a matéria orgânica colorida ainda remanescentes na polpa, levando-a ao mais próximo de seu estado natural, que é branco.

Importante!

É preciso não confundir os termos *alvura* e *brancura*. A medida de alvura leva em consideração a refletância apenas na região do azul, no comprimento de onda de 457 nm. É muito utilizada na indústria de celulose, pois os materiais que dão a cor amarelada absorvem radiação violeta e azul-violeta. Com o processo de branqueamento, essas substâncias vão diminuindo, e o aumento na radiação na faixa do azul torna a medida bem eficiente para o controle do processo. Já na medida de brancura, é considerada toda a refletância da região do visível, ou seja, entre 400 nm e 700 nm; essa medida é mais ampla e mais próxima da percepção do olho humano, motivo pelo qual é mais utilizada nas indústrias de papel.

A técnica de branqueamento já era aplicada desde a Antiguidade no clareamento de fibras de linho e de algodão. O tratamento consistia em uma lavagem com solução alcalina, obtida de cinzas de vegetais ou cal, seguida de uma prolongada exposição à luz solar. Esse processo persistiu até algo próximo do final do século XVIII, quando o químico sueco Karl W. Scheele, em 1774, verificou que o gás cloro tinha alto potencial branqueador. Ele é altamente tóxico, apresentando, em condições ambientais, coloração amarelo-esverdeada, cheiro forte, além de provocar irritação na pele, nos olhos e no sistema respiratório, o que cria barreiras em sua utilização. Em 1785, o químico francês Claude Louis Berthollet constatou que passar o gás cloro através de solução de lixívia de potássio ou sódio resultava em uma solução (hipoclorito de potássio ou sódio) com poder branqueador e menos perigo para manipular. A facilidade de transporte na forma sólida só foi obtida em 1798, após a patente do químico escocês Charles Tennant, que reagiu o gás cloro com cal hidratada (hidróxido de cálcio), obtendo um pó (hipoclorito de cálcio) que, quando acrescido em solução ácida diluída, liberava o gás cloro. Esse pó permaneceu como principal agente branqueador de fibras até a década de 1920.

A eficiência do gás cloro é alta no branqueamento, mas ele não é seletivo para a lignina, danificando também a fibra. A troca por dióxido de cloro foi efetivada na década de 1960, por apresentar elevada ação branqueadora e atacar menos a celulose, além de produzir menores concentrações de organoclorados como subproduto.

Na década de 1970, a legislação europeia obrigou as fábricas a diminuir os impactos ambientais causados pelos seus efluentes, fato que refletiu diretamente no uso de cloro no processo de branqueamento. Isso acarretou o desenvolvimento do método de pré-tratamento da polpa com gás oxigênio (O_2) e com extração alcalina, algumas vezes denominado *pré-branqueamento*. Nele, insere-se, entre a deslignificação e o branqueamento, uma etapa que consiste em uma digestão na presença de O_2 em meio alcalino, que pode ser obtido com adição do próprio licor branco, a 100 °C e pressurizado, para aumentar a solubilidade do gás oxigênio. Algo entre 40% e 50% da lignina residual da polpa é extraído, minimizando bastante a quantidade de reagentes usados no branqueamento e, consequentemente, a geração de efluentes. Considerando-se o caráter oxidante, nos anos de 1980, o peróxido de hidrogênio também passou a ser utilizado no processo de branqueamento.

Nas últimas décadas, a preocupação com o meio ambiente e com os riscos ocupacionais se intensificou. A ideia é que, em razão da formação de compostos tóxicos e carcinogênicos, como organoclorados e dioxinas, ocorra a substituição completa do cloro por outros agentes oxidantes, como O_2, O_3 e H_2O_2. Em função das características desse processo, ele é definido como TCF (*Totally Chlorine Free*). Entretanto, como o dióxido de cloro ainda é fundamental para o branqueamento de polpa com ISO acima de 90%, a tecnologia dominante eliminou somente o uso de cloro elementar no processo e passou a adotar o processo livre de cloro elementar – ECF (*Elemental Chlorine Free*).

Os processos de branqueamento, até meados da década de 1920, compreendiam uma única etapa. Com a necessidade de melhorar a alvura e também de otimizar o uso dos reagentes, passou-se a realizar mais de um estágio de branqueamento, com diferentes possibilidades de combinação. Para simplificar o sequenciamento, o Quadro 1.1, a seguir, descreve o código atribuído a cada agente branqueador.

Quadro 1.1 – Códigos que representam os reagentes nos estágios de branqueamento

Código	Reagente	Estágio
H	Hipoclorito de sódio ou cálcio	Hipocloração
C	Cloro gasoso	Cloração
D	Dióxido de cloro	Dióxido de cloro
E	Soda cáustica	Extração alcalina
O	Oxigênio	Oxigênio
P	Peróxido de hidrogênio	Peróxido
Z	Ozônio	Ozônio
E_O	Soda cáustica e oxigênio	Extração oxidativa
E_P	Soda cáustica e peróxido	Extração alcalina com peróxido

A sequência das letras é utilizada para representar os processos de múltiplos estágios; por exemplo, o CEH consiste em três estágios combinados pela ordem das letras da sigla – nesse caso, cloração, extração alcalina e hipocloração –, sendo que, entre as letras (estágios), sempre existe um processo de lavagem. A **lavagem** é uma etapa muito importante, pois remove a lignina dissolvida, deixando expostas novas superfícies para serem oxidadas; com isso, diminuem-se o tempo e o consumo de reagentes oxidantes. Se, entre os estágios, não houver o processo de lavagem, uma barra é inserida entre as letras. A figura que segue representa a sequência D/CEDED.

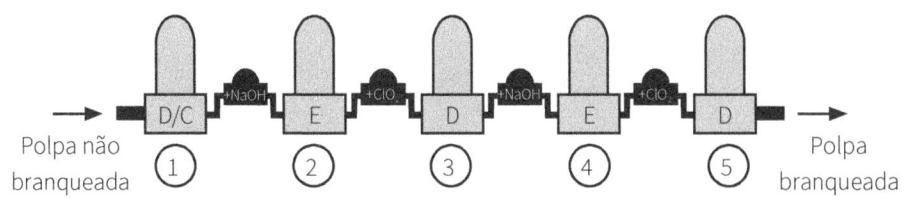

Figura 1.8 – Esquema da sequência de cinco estágios D/CEDED

```
         +NaOH       +ClO₂       +NaOH       +ClO₂
  →  [ D/C ]  [ E ]  [ D ]  [ E ]  [ D ]  →
Polpa não  (1)    (2)    (3)    (4)    (5)   Polpa
branqueada                                    branqueada
```

Primeiramente, a polpa não branqueada entra em um tanque para o tratamento com ClO_2 e Cl_2; em seguida, ocorre o processo de lavagem com solução alcalina para eliminação dos resíduos de lignina dissolvida e dos derivados clorados do primeiro tanque. No segundo tanque, a polpa sofre uma extração alcalina seguida de lavagem ácida, alternância que perdura até o último tanque, quando a polpa já apresenta a alvura desejada, seguindo para depuração. Em todos os estágios, há o controle de entrada de água para lavagem e de vapores para ajuste da temperatura desejada. Os efluentes ácidos e básicos gerados são mantidos separados, a fim de serem reutilizados ou combinados para ocorrer a neutralização e, consequentemente, serem descartados.

A polpa Kraft, por apresentar um teor maior de lignina residual em sua composição, requer processos de branqueamento com cinco ou seis estágios, como o citado, o CEHDED e, principalmente, o CEDEDP para uma polpa de boa qualidade. O Quadro 1.2 detalha a relação da alvura com o sequenciamento utilizado.

Quadro 1.2 – Porcentagem de alvura obtida em função da sequência química aplicada no branqueamento

Alvura	Sequência
Menor que 75%	CEH
De 75% a 80%	CEHH; CED
De 80% a 85%	CEHEH; EHD
De 85% a 90%	CEDED; CEHDP
Maior que 90%	CEHEDP; C/DEDED

É na etapa de branqueamento que ocorre o maior consumo de água e a geração de efluentes na indústria de celulose – por isso a importância de desenvolvimento de sequências. Ao final desse processo, a celulose branqueada passa por um processo de secagem até um equilíbrio próximo de 10% de água, podendo, então, ser comercializada e transportada para outras fábricas ou seguir no processo de fabricação de papel local.

1.4 Fabricação do papel

A fabricação do papel a partir da pasta celulósica é praticamente uma operação mecânica, embora os aspectos físicos e químicos do processo sejam fundamentais para a qualidade do produto obtido. Basicamente, o papel pode ser considerado um amontado de fibras de celulose que são mantidas unidas por forças físicas e químicas, gerando folhas secas e flexíveis.

Quando a polpa celulósica sai da etapa de clareamento, ela está em meio aquoso, e a etapa seguinte de depuração também é feita nesse meio. A polpa é sempre transportada com uma grande quantidade de água. Para iniciar o processo de secagem por remoção da água, a polpa celulósica é distribuída sobre uma mesa de formação, que também tem a função de planificar a polpa e formar folhas de celulose. Na próxima etapa, as folhas celulósicas passam por prensas para remover mais água e, também, para auxiliar na planificação. Ao entrar no secador, próxima etapa, ar quente é utilizado para secagem final da folha, deixando-a com cerca de 10% de água apenas. Em seguida, a folha celulósica, já seca, é encaminhada para uma máquina cortadeira, que prepara os fardos de celulose, produto de algumas fábricas. Por meio desse processo, ocorre a redução da massa da pasta celulósica (eliminação de água) e do volume do produto, diminuindo os custos de transporte com ele.

Convém acrescentar que existem dois tipos de fábricas de papel: as integradas e as não integradas. Estas últimas estão longe das áreas que produzem a madeira, fonte de celulose, sendo necessário recorrer aos fardos celulósicos descritos no parágrafo anterior como matéria-prima para a produção de papel. Nessas fábricas, a primeira etapa do processo produtivo do papel consiste em utilizar os fardos celulósicos para formar novamente uma polpa com elevada concentração de água. Para tanto, os fardos são colocados em uma máquina semelhante a um liquidificador com água, a fim de serem, literalmente, batidos. Na etapa posterior, essa polpa úmida segue para a refinação.

Nas fábricas integradas de papel, não há a etapa de secagem e formação das folhas celulósicas, como descrito anteriormente. Após a etapa de depuração, subsequente ao clareamento, a polpa celulósica, altamente úmida, é bombeada por tubulações diretamente para a etapa de refinação, um processo mecânico que atua para definir as características físicas finais do papel. Nele, há a remoção das camadas primárias das fibras, propiciando maior hidratação e fibrilação e tornando-as mais flexíveis e mais entrelaçadas. Ao final disso, mais uma etapa de depuração ocorre para remover impurezas indesejáveis, o que gera uma massa celulósica limpa e pronta para ser aditivada.

Os aditivos utilizados na indústria de papel são diversificados. Eles são adicionados à massa celulósica em função do produto final desejado, ou seja, do tipo de papel produzido. Atualmente, há uma grande variedade de papéis no mercado, criados especificamente para determinado fim. Com o fito de conferir a propriedade indicada ao produto, há a necessidade de acrescentar um aditivo específico. Os mais importantes e comuns, em maior ou menor quantidade, são:

- **carga**: preenche os espaços entre as fibras, produzindo um papel mais liso (TiO_2 e amido);
- **cola**: aumenta a resistência à penetração dos líquidos, prevenindo o espalhamento da tinta, sem, contudo, tornar o papel totalmente impermeável (breu);
- **corante**: melhora a alvura do papel e também o colore, quando necessário.

No geral, os aditivos são responsáveis pela colagem, pela coloração, pela impermeabilização (água e odores), pelo aumento da resistência mecânica, pela opacidade, pela transparência, pelo brilho, pela alvura, pela maciez etc. Dependendo da finalidade do papel, o aditivo apropriado é adicionado à massa celulósica com o intuito de conferir a propriedade desejada.

A etapa final de produção do papel é novamente um processo mecânico. Nela, a massa celulósica é levada para a "máquina de papel" com o objetivo de tornar o papel acabado para comercialização. A massa úmida é adicionada sobre a tela formadora, a fim de que esta possa planificar. A quantidade de umidade na massa, que pode chegar a até 99%, dependendo do resultado pretendido, interferirá na gramatura do papel. Por sua vez, a referida máquina é automatizada e requer pouca mão de obra. Sua principal função é remover a água da massa celulósica e formar a folha de papel. Tendo isso em vista, a massa celulósica perde água inicialmente por gravidade, depois por sucção a vácuo, por prensagem e, por fim, por evaporação. Durante o processo, vai ocorrendo a remoção da água juntamente ao aumento da resistência e à redução da espessura do papel.

Após a secagem da folha, é aplicada uma fina camada de amido para aumentar a resistência do papel e sua lisura, assim como para diminuir a absorção de água. Além do amido, outras substâncias podem ser adicionadas com o objetivo de alcançar propriedades específicas desejáveis no resultado. Atualmente, o mercado de papel oferece uma amplitude dessas substâncias.

A etapa final da máquina é enrolar o papel, já seco, em um cilindro metálico, produzindo o que geralmente é chamado de *rolo jumbo*. Este é direcionado para outra máquina, que faz o corte no tamanho do produto a ser comercializado. Cabe destacar que, ao final do processo descrito, é produzido o papel branco e liso, chamado de *papel sulfite*, que é ideal para confecção de cadernos, livros, apostilas, bem como para impressão doméstica e também profissional. Há, no entanto, diversos tipos de papéis, que variam em função da gramatura, da coloração e, especialmente, da finalidade.

Por exemplo, há papéis cujo processo de produção conta com mais etapas, como é o caso dos fotográficos. Para produzi-los, camadas adicionais de vernizes são utilizadas, as quais resultam em um papel brilhoso adequado para receber impressão de fotografias. Outro papel de produção diferenciada é o Kraft. Nesse caso, a massa celulósica que sai direto da etapa de cozimento da madeira é aproveitada para produção, sem passar por etapas de branqueamento. Esse papel, conforme visto anteriormente, tem uma coloração marrom e uma resistência maior, sendo destinado à feitura de caixas e de embalagens.

1.5 Reciclagem do papel

A Política Nacional dos Rejeitos Sólidos, instituída pela Lei n. 12.305, de 2 de agosto de 2010 (Brasil, 2010), estabelece diretrizes para não geração, redução, reutilização, reciclagem e tratamento dos resíduos sólidos. Segundo a Associação Brasileira de Empresas de Limpeza Pública e Resíduos Sólidos (Abrelpe), o Brasil em 2019 gerou aproximadamente 72,7 milhões de toneladas de resíduos sólidos urbanos, sendo que, desse total, apenas 4% foram reciclados (Abrelpe, 2021). Nesse contexto, o processo de reciclagem do papel está em consonância com o proposto na lei: em contraste à baixa porcentagem de reciclagem dos resíduos de maneira geral, no setor de celulose mundial, a reciclagem de papel atingiu 69,9% no ano de 2019.

O número é ainda maior se for considerado apenas o papel comercializado como de embalagem, pois, nesse segmento, a reciclagem chega a 85% (Abrelpe, 2021).

A reciclagem de papel é o reaproveitamento do papel descartado para produzir papel novamente. Esse processo visa ao aproveitamento das fibras celulósicas dos papéis usados para a confecção de papéis novos. No entanto, nem todos os papéis podem ser reciclados, entre os quais se destacam: etiquetas adesivas, papéis fotográficos, celofanes, plastificados, papéis com comida impregnada e papéis para fins sanitários já utilizados.

Mesmo o papel que pode ser reciclado não é composto só de fibras, mas também de materiais inutilizáveis para reciclagem. A parcela desses materiais depende da real classificação e coleta do papel usado. O volume de fibras recicladas realmente aproveitadas para o novo papel é, portanto, inferior ao volume de papel para reciclagem considerado.

De maneira geral, a reciclagem do papel inicia-se, ou deveria iniciar-se, com a coleta seletiva do resíduo sólido. Esse tipo de coleta classifica os resíduos de acordo com suas características de composição (matéria-prima). O papel separado do restante dos resíduos orgânicos é o resíduo de papel, também conhecido como *aparas de papel*, as quais são prensadas em fardos para serem fornecidas às indústrias de papel reciclado.

O processo de reciclagem do papel em si, em seguida, parte para a desagregação dos fardos em uma máquina que tritura e transforma o papel em uma pasta úmida, com as fibras celulósicas em suspensão e capaz de ser bombeada. São separados materiais sólidos grosseiros, adesivos e, também, tinta de impressão. Nessa etapa, podem ser utilizados produtos químicos que facilitem o desfibramento da pasta celulósica, que promovam a remoção das tintas de impressão e que impeçam a redeposição delas sobre as fibras.

Na sequência, a polpa celulósica passa por uma etapa de depuração. Esse processo é responsável pela remoção de contaminantes, sendo essencial para a qualidade final do produto. A produção de papel a partir de fibras recicladas é mais desafiadora que a baseada em fibras virgens. A quantidade de contaminantes dificulta as operações e pode inviabilizar sua remoção completa. Até os aditivos utilizados no processo de fabricação do papel a partir das fibras virgens podem ser contaminantes complicadores. Assim, os processos de remoção de contaminantes podem ser constituídos tanto por etapas simples, como o peneiramento, quanto por aquelas mais complexas, como a flotação com uso de reagentes químicos. A escolha do(s) processo(s) de remoção de contaminantes depende do tipo de papel a ser gerado ao final do processo.

Em particular, o destintamento do papel é fundamental para o processo de reciclagem. A destintagem é feita por meio de uma combinação de ações mecânicas, como trituração e adição de produtos químicos. Partículas leves e pequenas de tinta são removidas usando-se água, ao passo que partículas maiores e mais pesadas são removidas usando-se bolhas de ar, em um processo denominado *flotação*. Os surfactantes, produtos químicos que auxiliam na limpeza, são combinados com ar e injetados em uma polpa. Isso faz com que os contaminantes se soltem e flutuem para a superfície, onde podem ser removidos.

Para a produção de papel de imprimir e de escrever de alta qualidade, o processo deve contemplar uma grande remoção de resíduos (etapas de peneiramento, de lavagem e de flotação) e etapas de branqueamento da polpa, similares às discutidas previamente. Para esse produto, há uma exigência de aumento das características ópticas de alvura e luminosidade.

Curiosidade

Na realidade, com exceção do papel utilizado por algumas indústrias com níveis de exigência de qualidade especiais, a esmagadora maioria do papel que usamos cotidianamente tem, em sua constituição, grande percentagem de fibras recuperadas – o papel de jornal, por exemplo, tem cerca de 80%.

Na etapa final da reciclagem do papel, a polpa limpa está pronta para ser remetida à fabricação de um novo papel. Geralmente, ela é combinada com fibras de madeira virgem para se tornar mais lisa e forte, como era inicialmente. No entanto, nem sempre é necessário – as fibras de papel reciclado podem ser usadas sozinhas. A seguir, a polpa é direcionada para a máquina de papel, e, conforme avança na máquina, a água é drenada e reciclada. A folha de papel bruto resultante é prensada entre rolos massivos para extrair a maior parte da água restante e para garantir suavidade e espessura uniforme. A folha é, então, passada por rolos de secagem aquecidos, a fim de se remover qualquer água remanescente. O papel é, por fim, arranjado em grandes rolos e pode ser finalizado no tamanho desejado para comercialização.

As fibras de celulose não podem ser recicladas indefinidamente. Durante o processo de reciclagem, as fibras são encurtadas, até que se tornem muito curtas para serem aplicadas em novos produtos de papel. Estima-se que as mesmas fibras possam ser recicladas até seis ou sete vezes antes que suas propriedades diminuam a tal ponto que não possam mais ser usadas para o papel. Essas fibras curtas de celulose acabam no que é chamado de *borra de papel*.

Em termos ecológicos, alguns dados suportam a importância da reciclagem do papel. Cada tonelada de fibra reciclada, por exemplo, economiza em média 17 árvores. Outrossim, a produção de papel reciclado gera entre 20% e 50% menos emissões de dióxido de carbono do que o papel produzido a partir de fibras virgens, além de haver redução de 95% da poluição do ar para cada tonelada de papel destinada à reciclagem. A economia é de pelo menos 30.000 L de água e de 3.000 a 4.000 kWh de eletricidade, além de 3 m^3 de espaço em aterro (Ibá, 2020; Abrelpe, 2021).

Síntese

Neste capítulo, evidenciamos a relevância do conhecimento da constituição da madeira, sobretudo da celulose, por ser o principal insumo da indústria de papel. A qualidade da polpa gerada está diretamente relacionada com o processo de fabricação. O processo mecânico promove maior rendimento, mas sua polpa apresenta menor alvura, favorecendo o uso em papéis de uso rápido (descartáveis após o uso), como os higiênicos, os guardanapos e o papelão. Entre os processos químicos, destacam-se o sulfito, o soda e, em especial, o sulfato (Kraft), que resulta em uma polpa mais pura, por conseguir solubilizar melhor os resíduos de lignina e a matéria orgânica colorida ainda remanescentes na polpa, levando-a ao mais próximo de seu estado natural, que é branco.

Os papéis utilizados para impressões exigem elevadas alvura e brancura. Dessa forma, a etapa de branqueamento é muito importante, e, nas últimas décadas, por preocupações ambientais, está ocorrendo a substituição do cloro por outros agentes oxidantes, como O_2, O_3 e H_2O_2. Outro fato relevante é que, desde 2010, no Brasil, a instituição da política de rejeitos sólidos favoreceu a reciclagem dos papéis descartados, promovendo uma diminuição na emissão de CO_2, no consumo de água e de energia elétrica e no espaço em aterros sanitários.

Atividades de autoavaliação

1. O processo de polpação consiste na
    a) separação e no isolamento das fibras de celulose da madeira bruta.
    b) dissolução de todos os componentes ligninocelulósicos da madeira.
    c) quebra das ligações peptídicas que unem os componentes da madeira.
    d) quebra das ligações de hidrogênio que unem as moléculas de lignina.
    e) dissolução da fração lignínica da madeira.

2. Sobre o processo Kraft, é correto afirmar:
   a) Tem vantagem energética, por não necessitar de aquecimento.
   b) Produz uma celulose com alto grau de alvura.
   c) Adequou-se às questões ambientais, não descartando os efluentes em cursos de água.
   d) Digere a madeira completamente.
   e) Utiliza ácido para promover a dissolução dos componentes ligninocelulósicos.

3. ECF é o processo de
   a) digestão da polpa celulósica.
   b) branqueamento da polpa celulósica que não utiliza cloro elementar.
   c) branqueamento da polpa que não utiliza nenhum composto contendo cloro.
   d) digestão da polpa que não utiliza cloro elementar.
   e) branqueamento que não utiliza água.

4. Sobre a adição de amido na polpa celulósica, é correto afirmar:
   a) É adicionado na digestão dos cavacos e incorporado desde o princípio do processo.
   b) É adicionado como carga, preenchendo os espaços entre as fibras, o que produz um papel mais liso.
   c) Aumenta a resistência à penetração dos líquidos, prevenindo o espalhamento da tinta, sem, contudo, tornar o papel totalmente impermeável.
   d) Só é adicionado para fibras de celulose recicladas.
   e) Só é utilizado em papel com coloração final branca.

5. Sobre as fibras de celulose recicladas, é correto afirmar:
   a) Só são utilizadas para fabricação de papel reciclado.
   b) Todas elas podem ser reutilizadas para fabricar novos papéis.
   c) As fibras recicladas não podem ser misturadas com as fibras novas.
   d) Necessitam de uma etapa de desfibramento da pasta celulósica.
   e) Os papéis coloridos, quando reciclados, mantêm a coloração para a fabricação de um papel semelhante nesse aspecto.

Atividades de aprendizagem
Questões para reflexão

1. Por que o processo Kraft é atualmente o mais utilizado na produção de papel?

2. Utilizar o papel sem coloração (pardo, Kraft etc.) pode contribuir para a preservação do meio ambiente? Explique.

3. Quais aspectos viabilizam o uso de fibras de celulose recicladas?

Atividade aplicada: prática

1. Faça uma pesquisa para saber se, em sua cidade ou em alguma próxima a ela, existe uma fábrica de reciclagem de papel. Tente fazer um levantamento de quais tipos ela recicla

e de qual a quantidade coletada de resíduo de papel. Consulte qual é o processo realizado para tal reciclagem no local.

Por fim, correlacione os resultados com o conteúdo deste capítulo e destaque se alguma melhoria pode ser realizada.

Capítulo 2

Produção de óleos e gorduras

Os lipídios (gorduras) são, juntamente dos carboidratos e das proteínas, um dos três principais constituintes da alimentação humana. Para os adultos em geral, a gordura alimentar deve suprir pelo menos 15% de sua ingestão de energia; para as mulheres em idade reprodutiva, esse percentual aumenta para 20%. Em adição, o leite materno fornece aproximadamente 50% de energia na forma de gordura e, durante o período de desmame (a transição da amamentação completa para a não amamentação), é necessária cautela para evitar que a ingestão de gordura fique abaixo dos níveis exigidos.

A função dos lipídios na dieta humana não está unicamente associada à demanda de energia. A ingestão deles deve ser suficiente para atender às necessidades de ácidos graxos essenciais e de vitaminas lipossolúveis. A ingestão mínima compatível com a saúde varia no decorrer da vida de uma pessoa e entre os indivíduos. As recomendações às populações nesse sentido são feitas de acordo com as condições prevalecentes, especialmente padrões dietéticos e doenças não transmissíveis associadas à dieta.

Nesse contexto, a indústria de óleos e gorduras vegetais e animais figura como um dos segmentos mais importantes da indústria nacional. Esses lipídios são obtidos de fontes naturais e podem ser empregados como matérias-primas primordiais para as indústrias químicas, farmacêuticas e alimentícias, além do mercado energético. Gorduras e óleos são os principais componentes de produtos como margarinas, manteiga, alimentos fritos, maioneses, molhos para salada, produtos de panificação, fórmulas infantis e receitas de lanche e confeitaria.

2.1 Estudo dos óleos e das gorduras

As propriedades físicas, químicas e nutricionais dos lipídios são fundamentais para a alimentação. Essas propriedades estão intimamente ligadas à composição química dos lipídios, cujos constituintes principais são os triacilglicerídeos. Não é simples estudar triacilglicerídeos; por outro lado, estudar os ácidos graxos, moléculas que os originam, é um trabalho menos árduo e é suficiente, na maioria dos casos, para entender as propriedades dos triacilglicerídeos.

Os ácidos graxos são compostos formados por uma cadeia de carbonos, que confere uma característica lipossolúvel, e um grupo carboxila terminal, que confere propriedades ácidas.

Sua fórmula química geral é $R-(CH_2)_n COOH$. O tamanho das cadeias carbônicas nos ácidos graxos é variado: há, por exemplo, ácidos graxos de 4 carbonos no leite e ácidos graxos de 30 carbonos em alguns óleos de peixe. Os ácidos graxos são conhecidos por vários nomes, quais sejam: ácidos graxos voláteis (C_1 a C_5), ácidos graxos (C_6 a C_{24}), ácidos graxos de cadeia longa (C_{25} a C_{40}) e ácidos graxos de cadeia muito longa (> C_{40}). Ademais, eles têm ocorrência natural como constituintes de óleos e gorduras, e sua diversidade varia amplamente de espécie para espécie, embora aqueles com 18 carbonos, insaturados, geralmente predominem. Os principais ácidos graxos encontrados em óleos e gorduras são o láurico (12 carbonos; 0 insaturações); o mirístico (14 carbonos; 0 insaturações); o palmítico (16 carbonos; 0 insaturações); o esteárico (18 carbonos; 0 insaturações); o oleico (18 carbonos; 1 insaturação); e o linoleico (18 carbonos; 2 insaturações).

As substâncias predominantes em gorduras e em óleos são os glicerídeos, compostos formados pela esterificação do glicerol (um álcool) com uma, duas ou três moléculas de ácidos graxos (ácido carboxílico). Assim, quimicamente, os glicerídeos são ésteres orgânicos. O triacilglicerídeo com glicerol geralmente é denominado *triacilglicerol* ou *glicerolipídeo*. Esse composto pode ainda ser subdividido com base na distinção entre os radicais R que formam a molécula. Se os 3 grupos R são idênticos, o triacilglicerol é denominado *simples*; se não, é *composto*. Além disso, se, na estrutura química do ácido graxo, existirem ligações duplas entre átomos de carbono, o triglicerídeo é dito *insaturado*; caso não existam tais ligações, é *saturado* (AGS).

Figura 2.1 – Formação de glicerídeos a partir de ácidos graxos

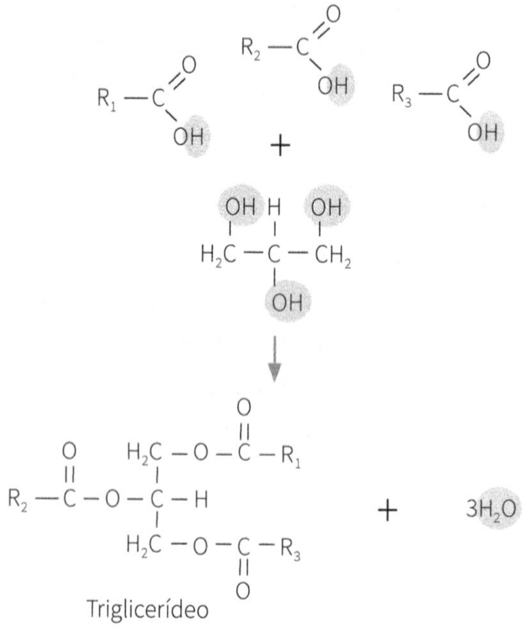

$$R_1-C\overset{O}{\underset{OH}{\diagup}} \quad R_2-C\overset{O}{\underset{OH}{\diagup}} \quad R_3-C\overset{O}{\underset{OH}{\diagup}}$$

$$+$$

$$\underset{\underset{OH}{|}}{H_2C}\overset{OH}{\underset{|}{-}}\overset{H}{\underset{|}{C}}-CH_2\overset{OH}{|}$$

$$\downarrow$$

$$\begin{array}{c} H_2C-O-\overset{O}{\overset{\|}{C}}-R_1 \\ R_2-\overset{O}{\overset{\|}{C}}-O-\overset{|}{C}-H \\ H_2C-O-\overset{}{C}-R_3 \\ \overset{\|}{O} \end{array} \quad + \quad 3H_2O$$

Triglicerídeo

No que diz respeito à presença de ligações múltiplas, os ácidos graxos insaturados são classificados como: (i) monoinsaturados (AGMI), quando têm apenas uma dupla ligação na estrutura; ou (ii) poli-insaturados (AGPI), quando têm mais de uma dupla ligação na estrutura. Na natureza, existem diversos tipos de ácidos graxos, o que torna possível encontrar estruturas com triplas ligações, anéis de diversos tamanhos (incluindo anéis heterocíclicos), além de outras funções químicas, como aldeído e álcoois.

Os AGMI têm, naturalmente, uma configuração *cis*. O principal AGMI natural é o ácido oleico, com 18 carbonos em sua estrutura química. Esse ácido é fundamental para o metabolismo humano, desempenhando importante papel na síntese de hormônios.

Um AGMI similar ao ácido oleico, mas com uma hidroxila como grupo substituinte da cadeia carbônica, é o ácido ricinoleico.

Por seu turno, os AGPI abrangem um grande número de ácidos graxos que são constituintes fundamentais de plantas, de animais e de microrganismos. Geralmente, as duplas ligações nos AGPI não são conjugadas, embora alguns poucos ácidos graxos apresentem ligações conjugadas. O ácido linoleico é um dos AGPI mais comuns e é considerado essencial para a dieta humana. Ademais, ele tem 18 carbonos e 2 insaturações na cadeia carbônica, ambas na conformação *cis*.

Embora os triacilgliceróis sejam os compostos prioritariamente formadores dos óleos e das gorduras, também podem estar presentes nesses monoacilgliceróis e diacilgliceróis. Ao passo que os triacilgliceróis resultam da união de uma molécula de glicerol com três moléculas de ácidos graxos, o glicerol une-se com uma molécula de ácido graxo para formar um monoacilglicerol e com duas moléculas de ácido graxo para formar um diacilglicerol. Pequenas quantidades destes dois últimos compostos estão presentes nos óleos e nas gorduras e podem contribuir para o odor, o gosto ou as características físico-químicas do óleo ou da gordura.

Figura 2.2 – Estrutura química de glicerídeos

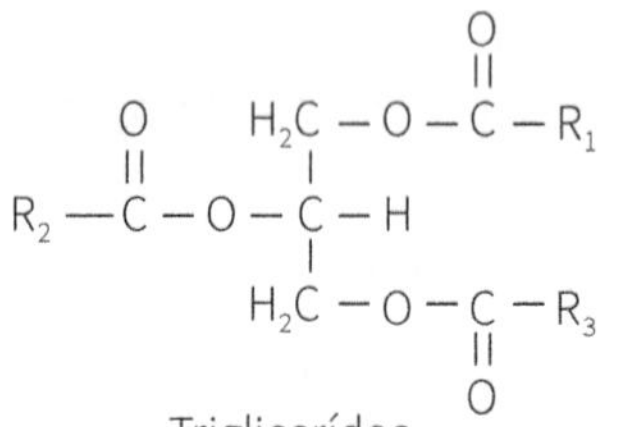

$$R_2-\overset{O}{\underset{\|}{C}}-O-\overset{H_2C-O-\overset{O}{\underset{\|}{C}}-R_1}{\underset{H_2C-O-\overset{\|}{\underset{O}{C}}-R_3}{C-H}}$$

Triglicerídeo

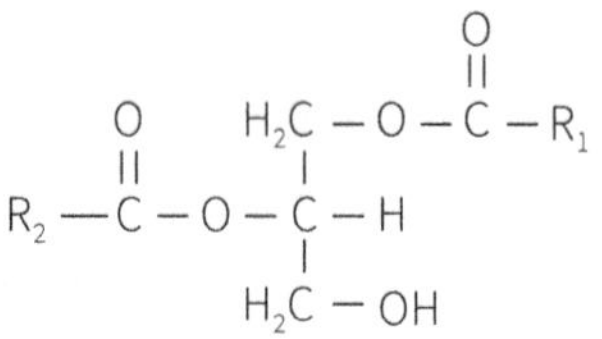

$$R_2-\overset{O}{\underset{\|}{C}}-O-\overset{H_2C-O-\overset{O}{\underset{\|}{C}}-R_1}{\underset{H_2C-OH}{C-H}}$$

Diacilglicerídeo

$$\overset{H_2C-O-\overset{O}{\underset{\|}{C}}-R_1}{\underset{H_2C-OH}{OH-C-H}}$$

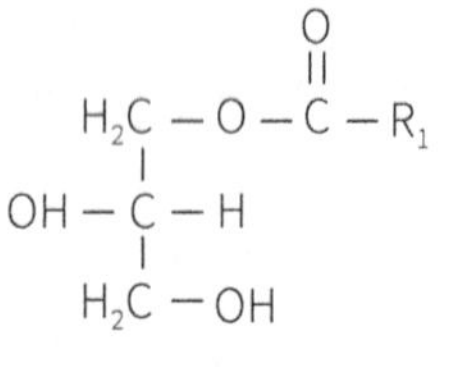

Monoacilglicerídeo

Algumas características nas estruturas químicas dos ácidos graxos formadores dos triacilgliceróis são responsáveis pela diferença principal entre os óleos e as gorduras. A quantidade de carbonos na cadeia carbônica do ácido graxo acarreta aumento da massa molar e, principalmente, das atrações de Van der Waals, que contribuem decisivamente para o aumento do ponto de fusão do triacilglicerol. Outro fator relevante é que, se estão presentes ligações duplas entre carbonos na estrutura química do ácido graxo, o ponto de fusão do triacilglicerol decai em razão do aumento da rigidez da molécula, o que contribui para a diminuição das interações de Van der Waals nela. A disposição espacial ao redor das insaturações na molécula do ácido graxo também interfere na magnitude e na quantidade das interações de Van der Waals, de modo que, no estereoisômero *cis*, o ácido graxo tende a ter ponto de fusão menor do que no estereoisômero *trans*.

Tabela 2.1 – Principais ácidos graxos

Ácido graxo	Número de carbonos	Número de insaturações	Ponto de fusão
Ácido láurico	12	0	44 °C
Ácido mirístico	14	0	54 °C
Ácido palmítico	16	0	63 °C
Ácido linoleico	18	2	–5 °C
Ácido linolênico	18	3	–11 °C

Uma diferença entre óleos e gorduras está justamente no estado físico do material à temperatura ambiente. Os óleos são líquidos à temperatura ambiente, e as gorduras são sólidas. No Brasil, a Agência Nacional de Vigilância Sanitária (Anvisa), por meio da Resolução n. 270, de 22 de setembro de 2005 (Brasil, 2005b), definiu a temperatura de 25 °C como limite inferior para o ponto de fusão das gorduras e as classificou como óleo quando o ponto de fusão delas é inferior a essa temperatura. Assim, podemos inferir que gorduras têm grandes quantidades de ácidos graxos saturados e que óleos têm, em sua composição, prioritariamente, ácidos graxos insaturados.

O estado sólido para os óleos e as gorduras é característico e de extrema importância para o estudo e o uso industrial deles. Moléculas lipídicas são conhecidas por se organizarem em estruturas cristalinas tridimensionais, por intermédio de interações de Van der Waals e ligações de hidrogênio. O empacotamento das cadeias carbônicas dos triacilgliceróis em cristais pode ocorrer de maneiras diferentes, ou seja, é possível a formação de estruturas polimórficas que influenciam características físico-químicas dos lipídios, principalmente no ponto de fusão.

O processo de solidificação dos lipídios é influenciado pela maneira como ocorre a redução da temperatura, a partir do estado líquido, para se atingir a fase sólida. A composição e a quantidade da fase sólida formada, separada da fase líquida, dependem, sobretudo, da velocidade de resfriamento e das temperaturas inicial e final. Por conseguinte, compreender esse processo é essencial para a mistura e a têmpera de materiais que contenham gordura, como gorduras de panificação e de confeitaria, que, durante a preparação, devem atingir uma aparência física particular, a qual deve ser mantida durante o transporte e o armazenamento. Problemas de granulação em chocolate, por exemplo, estão relacionados às mudanças polimórficas.

A forma polimórfica adotada no resfriamento das gorduras depende dos ácidos graxos que as compõem. As gorduras polimórficas podem existir em três principais formas cristalinas:

1. **alfa (α)**: tem forma hexagonal e resulta de resfriamento brusco, sendo muito instável;

2. **beta-linha (β')**: tem forma ortorrômbica, estabilidade intermediária, plasticidade e cristais pequenos;
3. **beta (β)**: tem estrutura triclínica, com alta estabilidade, cristais opacos, quebradiços e grandes.

Normalmente, o resfriamento lento resulta em cristais grandes, ao passo que o resfriamento rápido produz estruturas menores. O processo de cristalização é dividido em duas fases: a de nucleação e a de crescimento dos cristais. A **nucleação** envolve a formação de pequenos agregados de triacilgliceróis que conseguem se solidificar em meio à solução, formando pequeníssimos cristais. A partir da presença destes, o processo de **crescimento** de cristais prevalece na formação do estado sólido.

Em óleos naturais, os triacilgliceróis representam de 95% a 97% da composição, sendo, portanto, a classe mais significativa. As demais substâncias são denominadas *componentes menores*. Também podem estar presentes, nos óleos naturais, traços de ácidos graxos livres, ou seja, ácidos graxos não condensados com a molécula de glicerol. Estes incluem outros compostos lipossolúveis, espécies não esterificadas, como esteróis livres, hidrocarbonetos, álcoois etc.

De maneira geral, os óleos e as gorduras podem conter pequenas quantidades de outros constituintes lipídicos, tais como fosfolipídeos, constituintes insaponificáveis e ácidos graxos livres. Os termos *saponificável* e *insaponificável* vêm da reação química de quebra da ligação éster, a qual origina ácidos graxos solúveis em água. Os demais constituintes formam a fração insolúvel, que é principalmente constituída por esteróis, álcoois, terpenoides, hidrocarbonetos, além de outros componentes menores. A partir da introdução do termo *saponificável*, convém destacar as reações químicas dos óleos e das gorduras, que estão intimamente ligadas à composição química, de tal modo que podem ser divididas em reações do grupo carboxílico esterificado e reações da cadeia carbônica.

A reação de saponificação está ligada à quebra da ligação éster entre o ácido graxo e o glicerol. Esse tipo de ligação é facilmente hidrolisável em meio alcalino, o que faz da saponificação um caso particular de reação de hidrólise. Popularmente, é conhecida por produzir o sabão caseiro originado de óleos e gorduras. Os grupos éster também podem sofrer uma reação conhecida como *interesterificação*. Nesse tipo de reação, muito importante na produção de margarina, ocorre a troca de cadeias carbônicas entre as moléculas de glicerol, acarretando mudanças nas propriedades físicas.

No que concerne à cadeia carbônica, como já discutimos previamente, pode haver diferentes grupos, possibilitando diferentes reações, entre as quais duas merecem destaque: a hidrogenação e a oxidação. A presença de ligações duplas nos ácidos graxos possibilita a reação de **hidrogenação** da cadeia carbônica insaturada. Essa reação tem sido usada pela indústria de alimentos com muita frequência. Por meio dessa reação, é possível obter produtos com distintos graus de hidrogenação – desde óleos com níveis intermediários até aqueles completamente hidrogenados, ou seja, produtos gordurosos com consistência diferenciada. A hidrogenação é uma reação clássica de olefinas que representa a reação de uma dupla ligação C=C com uma molécula de H_2, na presença de um catalisador (geralmente níquel) e calor.

Figura 2.3 – Reação de hidrogenação de um ácido graxo

$$R-\underset{\underset{H}{|}}{C}=\underset{\underset{H}{|}}{C}-C\begin{matrix}\nearrow O\\ \searrow OH\end{matrix} \quad \xrightarrow{H_2,\ Calor}_{Catalisador} \quad R-\underset{\underset{H}{|}}{\overset{\overset{H}{|}}{C}}=\underset{\underset{H}{|}}{\overset{\overset{H}{|}}{C}}-C\begin{matrix}\nearrow O\\ \searrow OH\end{matrix}$$

As reações de **oxidação** em cadeias carbônicas nos ácidos graxos também podem ocorrer nas duplas reações C=C. De modo natural, acontecem em decorrência do contato do oxigênio do ar com o material oleaginoso. A oxidação dos lipídios é favorecida pela presença de metais, luz, calor, entre outros. A presença dos ácidos graxos oxidados está ligada ao aparecimento de um odor característico conhecido como *ranço*, que está atrelado à perda da qualidade sensorial, bem como da qualidade nutricional dos alimentos. É comum o uso de substâncias antioxidantes para prevenir essas reações durante o armazenamento dos produtos finais – um desses compostos é o ácido cítrico.

2.2 Óleos essenciais

Os óleos essenciais são substâncias oriundas de vegetais. Muitos são de baixo peso molecular e têm baixo ponto de ebulição, sendo a volatilidade uma importante propriedade desses compostos. São constituídos por mono e sesquiterpenos, fenilpropanoides, ésteres e outras substâncias. Esses óleos podem conferir propriedades organolépticas aos produtos que os contêm, ou seja, atribuem características que podem ser percebidas pelos sentidos humanos, como cor, odor, textura e sabor, motivo pelo qual eles são empregados na fabricação de fragrâncias, bebidas, condimentos, conservas, cremes, entre outros itens. Ainda, esses óleos são utilizados pelas plantas no metabolismo secundário e podem ser encontrados nas flores, nas folhas, nas cascas, nos rizomas e em frutos.

A composição do óleo essencial varia consideravelmente de espécie para espécie, em função de parâmetros climáticos e de fatores agronômicos, como fertilização, irrigação e, especialmente, a fase de desenvolvimento na planta durante a colheita. Uma característica importante para a indústria dos óleos essenciais é que eles estão presentes em pequeníssimas quantidades nas plantas, sendo necessárias toneladas de matéria-prima para conseguir alguns quilogramas dessas substâncias.

Eles não têm muitas características em comum com os óleos e as gorduras tradicionais; no entanto, por serem hidrofóbicos e lipossolúveis, são considerados óleos. Além disso, convém diferenciar os termos *óleos essenciais* e *essências*: aqueles são 100% naturais e obtidos de plantas; já estas podem ser naturais ou sintéticas. Geralmente, quando o produto é denominado *essência*, corresponde a uma mistura de óleo essencial e um solvente apropriado. Também pode fazer referência a uma combinação artificial dos principais componentes químicos encontrados no óleo essencial, os quais podem ser de origem natural ou sintética.

A Associação Brasileira das Indústrias de Óleos Essenciais, Produtos Químicos Aromáticos, Fragrâncias, Aromas e Afins (Abrifa) conta com 39 empresas que fornecem insumos aromáticos para as cadeias produtoras de cosméticos, de saneantes, de alimentos e de bebidas. Destas, nove estão descritas como relacionadas com óleos essenciais. Por isso, o Brasil tem importante papel no comércio mundial dessas substâncias, principalmente dos óleos essenciais oriundos da cultura de cítricos, que são subprodutos da indústria de sucos. Ao se consultar o Comex Stat, um sistema do governo brasileiro para checagem e extração de dados do comércio exterior do Brasil, podemos verificar que nosso país, em 2021, exportou quase 700 bilhões de quilogramas de óleos essenciais. Esse valor não varia muito desde 2017, indicando uma produção estável no período (Abrifa, 2022; Comex Stat, 2022).

Com a publicação do Decreto n. 8.772, de 11 de maio de 2016 (Brasil, 2016), que regulamenta a Lei n. 13.123, de 20 de maio de 2015 (Brasil, 2015) – a qual, por sua vez, dispõe sobre o acesso ao patrimônio genético, sobre a proteção e o acesso ao conhecimento tradicional associado e sobre a repartição de benefícios para conservação e uso sustentável da biodiversidade nacional –, há uma nova oportunidade de negócio para diversas empresas que utilizam óleos essenciais oriundos de vegetação nativa de florestas, em especial da Floresta Amazônica. Assim, companhias de insumos e cosméticos, como a Natura e o Boticário, incorporaram modelos sustentáveis de uso e de exploração dos recursos naturais, integrando os princípios e as práticas do desenvolvimento sustentável em seu contexto de negócio, assim como conciliando as dimensões econômica, social e ambiental da sustentabilidade no aproveitamento do potencial da biodiversidade.

De maneira geral, os óleos essenciais têm um elevado preço, pois são produtos naturais 100% puros. Em seu processo de extração, podem ser aplicados diversos métodos, como a destilação por arraste a vapor, a prensagem, a maceração, a extração por solvente volátil, entre outros. Evidentemente, dependendo do método, a composição do óleo variará significativamente. Entre os citados, o método de extração por arraste a vapor merece destaque e é um dos mais utilizados. Por meio dele, a proporção de óleos essenciais extraídos é, via de regra, maior que 90%.

O processo de solubilização de um componente químico com um líquido de uma segunda fase não gasosa é conhecido como *extração*. Dependendo do tipo de segunda fase, esse processo é denominado *extração sólido/líquido* ou *extração líquido/líquido*.

Mais especificamente, a destilação por arraste de vapor é um método de separação de misturas que aproveita o vapor de água para volatilizar substâncias presentes em uma planta. É possível separar substâncias que se decompõem nas proximidades de seus pontos de ebulição e que são insolúveis em água ou em seus vapores de arraste. A substância a ser separada é arrastada pelo vapor de outra substância, a qual não faz parte da mistura homogênea, ou seja, o vapor d'água. A destilação, à pressão atmosférica, resulta na separação do componente de ponto de ebulição mais alto, a uma temperatura inferior a 100 °C. Ao final da operação, tem-se uma mistura imiscível de água e do óleo essencial extraído no processo.

Figura 2.4 – Destilação por arraste a vapor

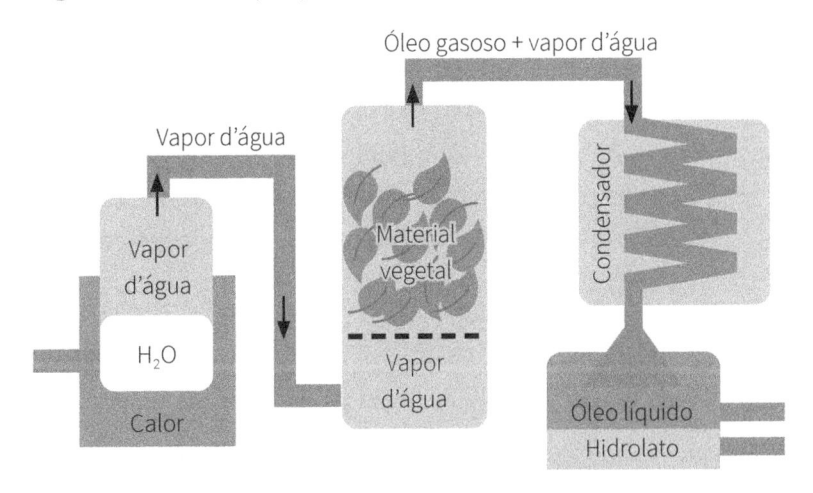

[Diagrama: Vapor d'água → Material vegetal → Óleo gasoso + vapor d'água → Condensador → Óleo líquido / Hidrolato; à esquerda: Vapor d'água, H_2O, Calor; Vapor d'água entra no recipiente do material vegetal]

A Figura 2.4 ilustra o princípio de funcionamento de um destilador tipo Clevenger, que é utilizado industrialmente para extração de óleos essenciais por arraste a vapor. Em alguns equipamentos, o vapor pode ser gerado no mesmo vaso em que está a matéria-prima que servirá para extrair o óleo essencial de interesse. No entanto, ainda que no mesmo vaso, o líquido que gerará o vapor não deve estar em contato direto com a matéria-prima: necessita-se, assim, de um meio físico de separação entre eles (uma grade ou uma tela com furos suficientemente pequenos para impedir o contato).

Outro método de ampla aplicação, principalmente entre os pequenos produtores, é a extração a frio. É uma técnica muito utilizada na extração de óleos essenciais dos frutos (inclusive, de frutas cítricas). Nesse método, os frutos inteiros são prensados, e, por meio de seu esmagamento, ocorre a separação do suco e dos óleos essenciais. Posteriormente, por meio de decantação, de centrifugação e até mesmo de destilação fracionada, o óleo é separado da emulsão formada com a água.

Há, pelo menos, 300 óleos essenciais de interesse comercial no mundo, e, entre os 18 mais importantes, o Brasil lidera a produção de dois: laranja (*citrus sinensis*) e lima destilada (*citrus aurantifolia*). O óleo essencial de laranja é extraído do pericarpo do fruto e tem sido empregado na perfumaria, em produtos farmacêuticos e alimentícios, assim como em materiais de limpeza. O rendimento máximo de extração de óleos cítricos é de 0,4%, isto é, para cada tonelada de fruta processada, são obtidos 4 quilogramas de óleo. O composto químico com maior percentual nos óleos cítricos é o d-limoneno, um monoterpeno. Na laranja, o teor dele chega a 90% dos óleos essenciais do fruto; no limão, a 65-70% (dependendo da variedade); na tangerina, a 70%; e na toranja, a 95% (Bizzo; Hovell; Rezende, 2009; Abrifa, 2022).

Figura 2.5 – Estrutura química do limoneno

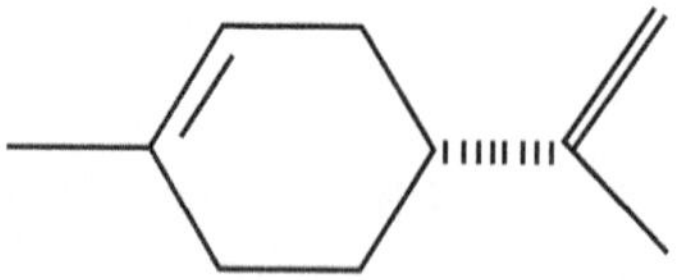

d-limoneno

Em especial, o óleo essencial da laranja é usado em perfumaria, em sabonetes e na área farmacêutica em geral, bem como em materiais de limpeza, balas e bebidas.

2.3 Equipamentos, preparação e extração

O crescimento progressivo do consumo de óleos vegetais decorre da alteração dos hábitos alimentares da sociedade moderna, mais preocupada com a saúde. No mundo, o óleo vegetal mais consumido é oriundo da soja, atrás apenas do óleo obtido da palma. No Brasil, o óleo de soja é disparadamente o óleo vegetal mais consumido, podendo ser encontrado facilmente na maioria dos domicílios. Na produção mundial de óleo de soja, o Brasil ocupa a quarta colocação. Em 2020, o país produziu 9,6 milhões de toneladas, das quais a maior parte, 88%, foi comercializada no mercado interno. O consumo para fins alimentícios e, em especial, para a produção de biodiesel justifica a supremacia do mercado doméstico de óleo de soja (Reda; Carneiro, 2007; Hernandez; Kamal, 2013).

Gráfico 2.1 – Estatísticas de uso da soja no Brasil

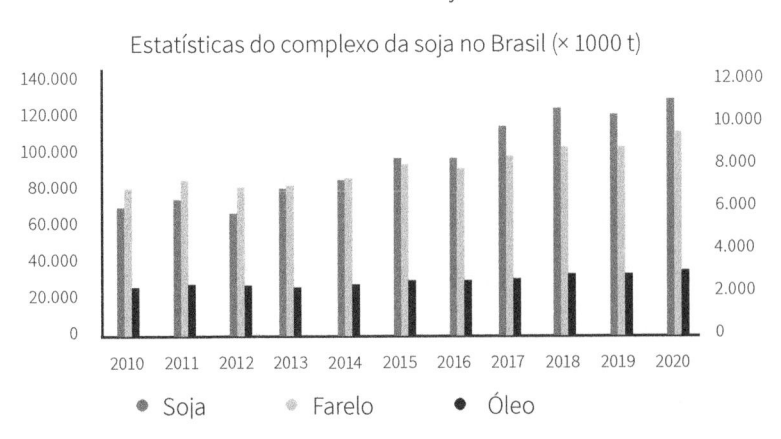

Fonte: Abiove, 2021.

Um óleo comercial obrigatoriamente deve conter alta qualidade, que inclui parâmetros como características de odor, de sabor, de cor, de textura, entre outros. Como se sabe, um pré-requisito para a produção de qualquer produto é uma matéria-prima de alta qualidade, e não é diferente com a fabricação de óleos e derivados: os cuidados devem garantir que a matéria-prima não seja danificada durante o transporte, o armazenamento e o processamento. Desse modo, entre os parâmetros de controle de qualidade necessários, inclui-se a inspeção: de umidade, de material indesejado, de sementes ou de grãos danificados e quebrados, do teor de proteína e, principalmente, do teor de óleo. A Tabela 2.2, a seguir, apresenta o teor de óleo nas principais fontes oleaginosas utilizadas no Brasil.

Tabela 2.2 – Teor em óleo das principais oleaginosas

Oleaginosa	Teor em óleo ($\cong$ %)
Coco	65
Girassol	40
Milho	35
Oliva	30
Soja	20

No cenário nacional, a soja é a principal fonte para óleos vegetais e, por isso, os cuidados com os grãos dela refletem bem o zelo necessário com a matéria-prima, podendo ser tomados como exemplo. O cultivo da soja, atualmente, é totalmente mecanizado. A planta industrial de processamento da soja (ou de qualquer outro grão) deve ser capaz de armazenar o grão, mantendo a qualidade entre o momento de recebimento e o momento de sua introdução no processo de extração do óleo. A umidade é um dos maiores problemas para o grão. Ela induz o aparecimento e o crescimento de bolores ou fungos, bem como a respiração e, consequentemente, o desenvolvimento biológico do próprio grão. A respiração precisa ser evitada, pois compele reações exotérmicas que causam aumento na temperatura, a qual, se estiver superior a 70 °C, provoca a deterioração da semente em questão de horas. Quando o grão é deteriorado, ele não pode ser reparado novamente, e isso causa perdas muito severas no processo de refino, principalmente na etapa de degomagem. A soja pode ser armazenada com segurança por um ano ou mais com 11% de umidade, ao passo que, para garantir a segurança nas sementes de girassol, é requerida uma umidade de 8%.

O óleo vegetal, independentemente da planta de origem, fica protegido dentro das células, nas quais existem vários corpos oleosos, todos muito pequenos. Cada um desses corpos está entre os outros constituintes da célula, tais como proteínas, carboidratos etc. A retirada do óleo dessas células de modo eficiente e para fins comerciais ocorre a partir da alteração da forma da semente e, por conseguinte, de sua estrutura interna. A indústria utiliza processos com diferentes etapas para produzir óleo vegetal, e o número de etapas para extraí-lo depende do tipo de semente e da escala da operação. Entre os métodos de extração de óleo comestível de sementes oleaginosas, destacam-se a prensagem mecânica e a extração por solvente. O método de extração dependerá da quantidade de óleo presente na semente e nos volumes e rendimentos do óleo gerado. No geral, em grandes indústrias, a extração do óleo de interesse é realizada pela combinação dos dois métodos.

Quando a matéria-prima tem uma grande quantidade de óleo, é comum a condução do processo da prensagem mecânica. Esse método de extração é muito antigo, utilizado mesmo antes do processo de industrialização, tendo sido o mais amplamente empregado na obtenção de óleo vegetal antes da introdução da extração por solvente. Hoje, ele é realizado quase exclusivamente por meio de prensas contínuas. Nesse processo, a matéria-prima é introduzida em um equipamento que conta com um eixo central na forma de parafuso tipo rosca sem fim. Esse eixo gira e provoca a compressão do material, além de, pelo movimento do eixo central, empurrá-lo em direção à saída do equipamento. Na parte final do equipamento, existe uma peça com forma cônica que pode ser regulada para aumentar ou diminuir a abertura – ajuste que determina a pressão interna. O resultado desse processo é a obtenção do óleo, parte líquida, e da torta, parte sólida. Infelizmente, esse processo não é eficiente em retirar todo o óleo da matéria-prima, não sendo possível, por prensagem mecânica, conseguir na torta uma quantidade menor que 2% a 3% de óleo bruto por unidade.

Figura 2.6 – Prensa mecânica

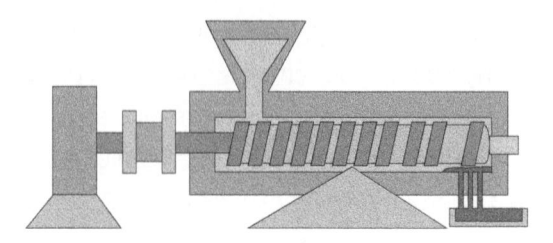

O líquido extraído é chamado de *óleo bruto* e requer uma filtragem, pois partículas sólidas da torta podem ainda estar presentes. Assim, recorre-se a um filtro-prensa. Se o óleo é comercializado apenas após essas etapas, ele é denominado *óleo virgem* (é o caso do óleo de oliva, muito utilizado na culinária e de grande valor comercial). A prensagem mecânica pode fazer uso de aquecimento da matéria-prima para reduzir a resistência mecânica (amolecimento). Caso seja obtido o óleo por prensagem mecânica a frio, o produto é chamado de *óleo extravirgem*.

De maneira geral, matérias-primas com menos de 20% de óleo em sua composição não são submetidas à prensagem mecânica, sendo extraídas diretamente por solvente. Materiais com uma maior quantidade de óleo resultam em uma torta com teor de 10% a 15% de óleo remanescente, e, portanto, o processo de prensagem mecânica é a etapa inicial da extração por solvente.

Figura 2.7 – Métodos de extração de óleo

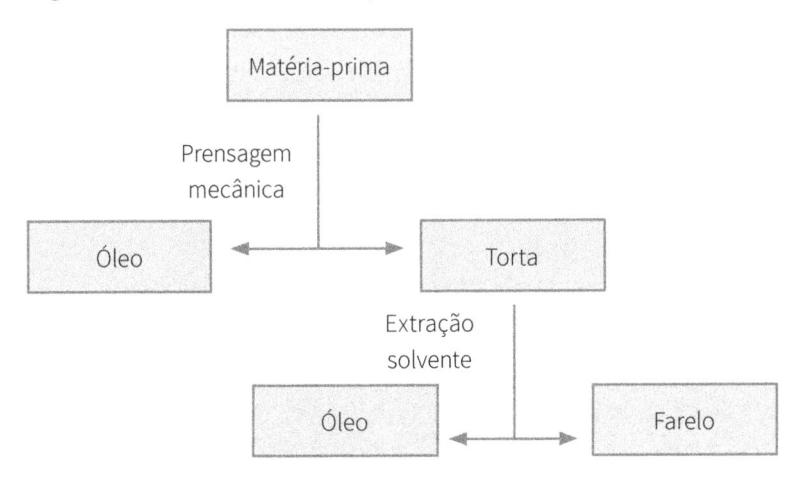

```
              ┌──────────────┐
              │ Matéria-prima│
              └──────┬───────┘
          Prensagem  │
          mecânica   │
┌──────┐          ┌──▼───┐
│ Óleo │◄────────►│Torta │
└──────┘          └──┬───┘
               Extração │
               solvente │
          ┌──────┐   ┌──▼─────┐
          │ Óleo │◄─►│ Farelo │
          └──────┘   └────────┘
```

O método de prensagem mecânica é empregado comumente para extrair óleo de frutas oleaginosas, como palma e coco, e como etapa inicial para extração de óleos de sementes oleaginosas com alto teor de óleo, como canola, girassol e algodão.

A oleaginosa mais utilizada no mundo é a soja, e um dos motivos para isso é que o grão dela é apropriado para o método de extração por solvente. Na maioria das indústrias de processamento de óleo desse ingrediente, o processo de prensagem mecânica do grão, previamente ao processo de extração por solvente, é dispensado. A extração por solvente é o método mais aplicado atualmente em escala industrial. Para oleaginosas que não têm alto teor de óleo, esse é o método preferencial, pois, no farelo final, não resta mais que 1% de óleo em massa – em outras palavras, o óleo é extraído com muita eficiência por esse processo.

De modo geral, a extração por solvente consiste em uma operação de percolação na qual o solvente entra em contato com os grãos e retira as partículas de óleo, através de uma relação de afinidade química entre moléculas de baixa polaridade (solvente e óleo). Antes da extração por solvente, o grão de soja deve ser preparado para entrar no processo, o que envolve as seguintes etapas: (a) quebra do grão, (b) retirada da casca, (c) aquecimento do grão e (d) laminação.

O grão deve ser quebrado para aumentar a superfície de contato entre ele e o solvente, facilitando a extração. Os grãos quebrados são, então, conduzidos para um recipiente com um exaustor, que retira as cascas dos grãos. O teor de óleo nas cascas não passa de 1%, e a retirada da casca favorece o contato entre o grão e o solvente no processo de extração. O teor de umidade no grão de soja antes de entrar no processo é de 11%, e com essa umidade o grão é duro e resistente à deformação. Por esse motivo, após a remoção da casca, a temperatura dos grãos é aumentada para 60 °C, para que a semente fique maleável. No entanto, esse aumento da temperatura deve ser feito com controle de umidade, pois não é de interesse do processo a presença de água. Com o grão mais maleável, os grãos são forçados a passar entre rolos em um processo denominado *laminação*. Nele, há a alteração do formato de grão para lâminas com espessuras definidas, para facilitar a interação do solvente com o óleo a ser extraído.

Figura 2.8 – Etapas anteriores à extração por solvente

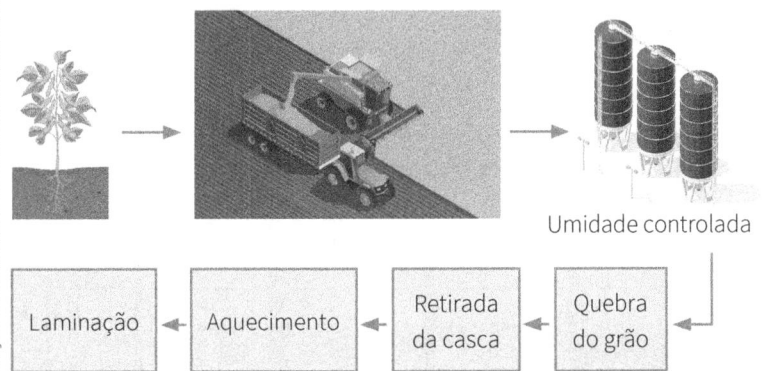

Yuliya_vector, Macrovector e Weenee/Shutterstock

Umidade controlada

Laminação ← Aquecimento ← Retirada da casca ← Quebra do grão

O material resultante após esses processos está preparado para extração por solvente, pois o pré-tratamento tem a função de aumentar a capacidade de extração, além de torná-la mais fácil e melhorar a qualidade do óleo e do farelo. O solvente em questão não é hexano puro, mas uma mistura de hidrocarbonetos com ponto de ebulição por volta dos 70 °C, cujo principal constituinte é o hexano. A essa mistura dá-se o nome de *hexana*, para cuja substituição atualmente são estudados outros solventes, principalmente o etanol.

O óleo dissolve no solvente, formando a micela. O solvente circula sobre a massa, que é usualmente carregada em cestos durante as diversas etapas. Esses cestos movem-se em um círculo vertical ou horizontal. A unidade extratora pode ter formas diferentes, mas, no geral, em todo o processo é contracorrente em relação à massa, ou seja, a massa caminha em direção aos chuveiros de solvente. Nesse processo, a miscela mais concentrada lava a massa com maior teor de óleo; por outro lado, a miscela com baixa concentração lava a massa com menor teor de óleo, e a massa à saída do extrator é lavada com hexana pura. A miscela final que deixa os extratores contém de 20% a 35% de óleo.

Figura 2.9 – Extração por solvente contracorrente

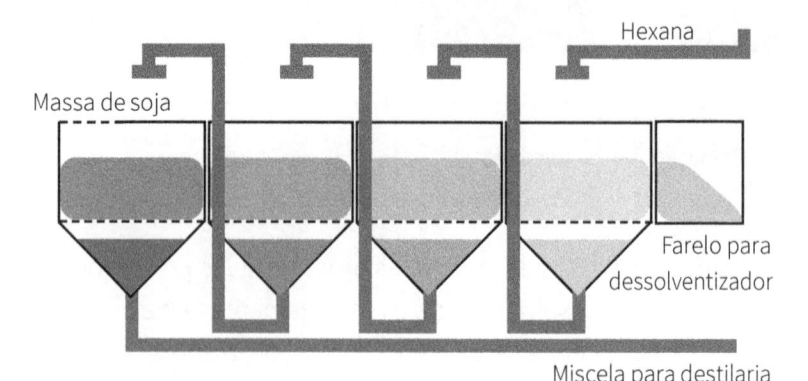

Esse processo é feito com temperatura de aproximadamente 60 °C, que é ligeiramente abaixo do ponto de ebulição do solvente. A solubilidade do óleo no solvente é elevada com o aumento da temperatura, porém o ponto de ebulição do solvente limita a temperatura à qual o sistema pode ser submetido. O solvente deve permanecer no estado líquido, pois a conversão dele para a fase gasosa pode gerar problemas de segurança, pois ocorrerá evaporação rápida e pressurização do extrator. O vaso extrator deve ser isolado termicamente, para que não haja perda de calor do sistema e, consequentemente, maior gasto de energia para manter a temperatura interna desejada, além de redução da capacidade de extração do sistema.

O resultado desse processo é a obtenção da miscela (óleo + solvente), a parte líquida, e do farelo, a parte sólida. Esse processo é muito eficiente em retirar todo o óleo da matéria-prima, pois a quantidade de óleo no farelo reduz-se a menos de 1% em peso (0,5%). Por outro lado, uma das desvantagens do método de extração por solvente é que ele é caro, e uma parte do processo que contribui para a redução dos custos é o reaproveitamento do solvente hexana utilizado na extração. Para tanto, o solvente é recuperado nos dois produtos da extração: na miscela e no farelo.

Para a remoção do óleo da miscela e, como efeito, a retirada do solvente, a miscela é submetida a uma destilação à pressão reduzida. Esse procedimento químico, muito comum em laboratório de química, é feito em escala industrial e facilmente consegue separar o solvente mais volátil do óleo menos volátil.

Segundo a Anvisa, a hexana é autorizada para a produção ou

o fracionamento de gorduras e de óleos e para a produção de manteiga de cacau, tendo o resíduo de hexana no produto final limitado a 10 mg/kg. A miscela é geralmente filtrada para remoção dos materiais finos antes da destilação. Se foi obtido óleo a partir de prensagem em uma etapa inicial, ele é agora juntado ao óleo obtido por extração, após a destilação, para sequência no processamento. A esse óleo, como dito anteriormente, dá-se o nome de *óleo bruto*.
O farelo também tem grande quantidade de solvente. A remoção deste é feita por meio dos dessolventizadores-tostadores. Esses equipamentos aquecem o farelo para que o solvente seja evaporado e conduzido, após resfriamento, ao tanque de solvente que será utilizado novamente para extração de óleo.

Importante!

Esses dois processos de eliminação de solvente dos produtos são etapas que encarecem o produto. No entanto, sem eles, não seria possível reutilizar o solvente para novas extrações. Além disso, o solvente é caro, e a perda dele traria graves problemas de segurança para a planta industrial. A dessolventização da miscela e do farelo remove praticamente todo o solvente usado durante a extração.

Ao final desse ponto, o farelo está pronto para outras aplicações. Ele é utilizado na nutrição animal, como suplementação proteica. Por outro lado, o óleo ainda passará por um processo de refino para remover componentes indesejáveis que podem provocar várias reações químicas que levem à redução da qualidade do produto a ser comercializado e, também, para aumentar sua palatabilidade e seu tempo de vida. Entre os componentes indesejáveis estão os ácidos graxos livres, os fosfolipídeos, os corantes naturais, entre outros. Ao conjunto de operações a que o óleo é submetido após ser extraído da miscela dá-se o nome de *etapa de refino*. Contudo, o processamento de refino não deve eliminar alguns componentes desejáveis, por exemplo, os compostos químicos conhecidos como *tocofenóis*, que auxiliam na capacidade antioxidante do óleo. Ademais, é preciso ter cuidado, já que o refino altera as propriedades organolépticas do óleo bruto, isto é, o sabor, a cor e o odor.

Os processos mais comuns são os de (a) degomagem, (b) neutralização, (c) clareamento e (d) desodorização.

Figura 2.10 – Processos de refino do óleo bruto

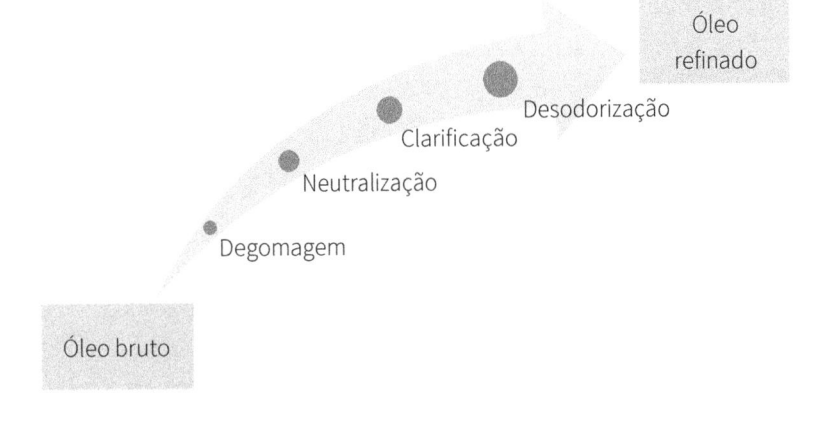

Óleo refinado
Desodorização
Clarificação
Neutralização
Degomagem
Óleo bruto

O processo de refino inicia-se com a **degomagem**. Aqui, o objetivo é remover proteínas, substâncias coloidais e fosfatídeos, também chamados de *gomas* ou *fosfolipídios*. Estes, em razão de sua propriedade emulsificante, podem precipitar com o tempo, pela ação da umidade do ar. Além disso, a etapa de degomagem é responsável pela separação da lecitina, um fosfatídeo com um importante valor comercial.

Existem dois tipos de gomas: as hidratáveis e as não hidratáveis. A quantidade de fosfolipídios não hidratáveis em um óleo bruto depende de fatores que incluem a qualidade da semente, as condições climáticas durante o desenvolvimento, o armazenamento, entre outros aspectos. Para as diferentes gomas, existem dois métodos de degomagem: a aquosa e a ácida. A remoção de gomas presentes no óleo bruto no tratamento ácido (ácido fosfórico) é de 90% e no aquoso é de 70% a 80%. Embora a degomagem ácida seja mais eficiente, a aquosa é mais utilizada no processo de extração do óleo da soja, pois, por ela, a lecitina é obtida pura, ao passo que, na degomagem ácida, há impurezas.

Para um processo de degomagem contínuo, o óleo é aquecido a uma temperatura entre 70 °C e 80 °C, e a água é adicionada por um sistema de mistura em linha. A mistura, então, flui para um tanque de retenção, em que é mantida por um período de 15 a 30 minutos e, depois, é centrifugada. O sólido separado é levado a um evaporador, no qual é seco e processado posteriormente para a produção de lecitina. A lecitina comercial é utilizada na indústria alimentícia como emulsificante, inibidora de cristalização, desmoldante, umectante, antioxidante, entre outros.

A etapa de **neutralização** é a próxima no processamento do óleo. O objetivo principal dela é a eliminação dos ácidos graxos livres, que se deterioram facilmente e também podem conferir sabor indesejável ao óleo. Ademais, esses compostos, quando presentes no resultado, são responsáveis pela formação de fumaça, pois têm ponto de ebulição menor do que os triglicerois, evaporando com o aquecimento. Os ácidos graxos livres são, então, eliminados pela adição de uma solução de hidróxido de sódio ao óleo. A reação entre ácido graxo e hidróxido de sódio forma sabão, ou seja, esse é o processo conhecido como *saponificação*. Para separar o sabão formado do óleo, a mistura é centrifugada. O óleo separado é lavado com água aquecida (de 70 °C a 90 °C) e novamente centrifugado, para remoção de resíduos de sabão. A Anvisa, por meio da Resolução RDC n. 481, de 15 de março de 2021 (Brasil, 2021b), definiu a acidez máxima para óleo refinado (0,6 mg de KOH/g) e para óleos prensados a frio e não refinados (4,0 mg de KOH/g).

A etapa de refino subsequente é a **clarificação**. A finalidade dela é reduzir a quantidade de corantes naturais (carotenoides e clorofila) para se obter um produto mais claro, uma preferência dos consumidores. A clarificação também consegue eliminar outros compostos, melhorando o odor, o sabor e a estabilidade à oxidação. Nessa etapa, o óleo necessita estar completamente seco, e, por isso, o processo em questão é feito em um tanque aquecido a 80 °C sob vácuo. O clarificante mais utilizado é uma argila descorante, denominada *terra clarificante*. As argilas são preparadas a partir de silicatos de alumínio tratados com ácido clorídrico ou sulfúrico, para remoção de cálcio, magnésio e ferro. Essas argilas têm a capacidade de adsorver os corantes indesejáveis. Para separar a argila do óleo, este é passado por um filtro-prensa. A quantidade de terra clarificante utilizada é da ordem de 1% do óleo de soja. O adsorvente saturado é normalmente descartado após o uso. O processo de clarificação também deve eliminar produtos de oxidação, fosfatídeos, sabões e metais traço, porque esses compostos causam uma rápida deterioração do óleo nas condições estabelecidas na etapa final de refino, a desodorização.

A tecnologia para desodorizar óleos comestíveis emergiu com a necessidade de se removerem componentes indesejáveis de sabor e de odor das gorduras vegetais e animais. A **desodorização** é basicamente um processo de destilação que usa vapor e opera em temperaturas elevadas e altos vácuos, a fim de destilar materiais voláteis e odoríferos. Os compostos químicos responsáveis pelo sabor e pelo aroma são mais voláteis sob as condições de desodorização, sendo arrastados pelo vapor d'água por difusão e, assim, eliminados do óleo. Esse processo também provoca a remoção dos ácidos graxos livres residuais ainda não eliminados nas etapas anteriores do refino. O óleo desodorizado é imediatamente resfriado em trocador de calor, passa através de um filtro de polimento e é, finalmente, armazenado.

Enfim, as gorduras e os óleos devem ser processados em seus estados brutos antes de serem usados em produtos alimentícios reais, de modo a garantir a boa qualidade destes e prazo de validade aceitável. A maioria das gorduras e óleos usados na indústria de alimentos é refinada, branqueada e desodorizada, com o intuito de remover contaminantes e torná-los palatáveis e estáveis na prateleira (*shelf life*).

2.4 Gorduras vegetais

A disponibilidade de lipídios vegetais ocorre majoritariamente na forma de óleo, ou seja, líquido, embora tanto óleos quanto gorduras possam apresentar origem vegetal ou animal. Há uma larga demanda por gordura sólida de origem vegetal, e a maior parte da gordura vegetal disponível hoje é obtida mediante modificações estruturais nos óleos vegetais, como o óleo de soja. A gordura vegetal é fundamental para o preparo de alimentos assados ou fritos de origem industrial, e um dos alimentos representantes desse tipo de gordura é a margarina.

Diferentemente do processo de refino, que serve para melhorar as propriedades organolépticas do óleo para favorecer a comercialização, os processos de modificação do óleo abrangem mudanças substanciais do comportamento físico e das propriedades estruturais de um óleo. A aplicação, nos produtos alimentícios, da maioria dos óleos e gorduras em sua forma natural é muito limitada por conta de suas propriedades físico-químicas.

A Anvisa, por meio da Resolução RDC n. 481/2021, define *óleos e gorduras vegetais modificados* como produtos obtidos a partir de óleos ou gorduras vegetais submetidos a fracionamento, a hidrogenação, a interesterificação ou a outros processos físicos ou químicos seguros para produção de alimentos e que visem modificar as propriedades físicas e químicas originais destes, desde que não descaracterizem o produto (Brasil, 2021b). A hidrogenação, a interesterificação e o fracionamento são os três processos de modificação de óleo vegetal mais realizados pela indústria alimentícia.

O primeiro desses processos, ou seja, a **hidrogenação**, já foi discutido neste capítulo. Basicamente, ela tem a função de reduzir o grau de insaturação nas cadeias carbônicas pela incorporação de átomos de hidrogênio nas ligações duplas dos triglicerois. Ela leva a um aumento do ponto de fusão do óleo, ou seja, promove uma transformação crescente do óleo em gordura. Óleos vegetais hidrogenados são usados em muitos produtos de panificação para melhorar o sabor e a textura.

Na reação de hidrogenação de óleos, gás hidrogênio e catalisador são adicionados ao óleo em um sistema fechado com aquecimento (de 140 °C a 220 °C) e alta pressão (de 35 kPa a 140 kPa). Quando o grau de saturação desejado é alcançado, o sistema é resfriado, despressurizado, e o catalisador é removido por filtração. A hidrogenação de óleo é uma reação de competição entre duas possíveis reações: a hidrogenação da dupla ligação C=C e a isomerização da dupla ligação C=C (deslocamento na cadeia do ácido graxo). A reação desejada é a hidrogenação, e as condições reacionais devem ser otimizadas para se aumentar a seletividade da reação química, favorecendo a hidrogenação. As condições reacionais englobam a pressão de gás hidrogênio aplicada, a temperatura reacional e o catalisador utilizado.

Além disso, a reação de hidrogenação de óleos vegetais tem um grande problema inerente: a produção de gorduras trans durante a reação. Há, no mundo, uma grande preocupação com o consumo desse tipo de gordura, pois diversas pesquisas apontam que ele está diretamente ligado a problemas cardíacos. Portanto, esse é um processo que pode não ter um futuro longo, uma vez que, apesar dos muitos estudos sobre isso, ainda não há uma possibilidade de contornar esse problema.

Curiosidade

O Brasil, por intermédio da Anvisa – Resolução RDC n. 332, de 23 de dezembro de 2019 (Brasil, 2019b) –, restringiu o uso de gordura trans industrial, com previsão de extinção total desse material até 2023. Um dos motivos para tal decisão é que essas gorduras estão intimamente ligadas às doenças do coração.

O segundo dos processos, a **interesterificação**, é uma reação de troca de ácidos graxos na cadeia carbônica dos trigliceróis. O objetivo de promover essa reação no óleo é alterar as propriedades de fusão de uma mistura de lipídeos encontrados no óleo, acarretando uma homogeneização no perfil de óleos presentes. A interesterificação pode resultar tanto em um aumento quanto em uma diminuição do ponto de fusão e do conteúdo de gordura (sólida).

Para essa reação, é fundamental o uso de um catalisador, geralmente o metóxido de sódio (CH_3ONa), sem o qual a temperatura necessária para ocorrer a reação é mais alta, favorecendo reações paralelas indesejáveis. Graças ao catalisador, a reação pode ser realizada com temperaturas inferiores a 100 °C, e, após atingir os parâmetros desejados, ele é facilmente inativado pela adição de água ou de ácido orgânico.

A separação física das gorduras pode também ocorrer pelo **fracionamento**, o último dos três processos. Nele, a solidificação controlada dos diferentes triglicerois que compõem o óleo produz o fracionamento dos componentes, e, entre estes, aqueles com ponto de fusão maior que a temperatura do processo vão sendo solidificados. A separação das frações sólidas pode efetivar-se por filtração ou centrifugação.

A cristalização fracionada é utilizada, no geral, para separar frações com diferentes pontos de fusão. Por meio desse processo, podem-se remover pequenas impurezas com alto ponto de fusão e isolar frações com propriedades específicas para produção de gorduras especiais. Quando o óleo de palma é fracionado, obtêm-se a estearina (triestearato de glicerina) e a oleína de palma. Da palma, podem ser extraídos dois tipos de óleos: (1) da polpa é extraído o óleo de palma; e (2) da amêndoa é extraído o óleo de palmiste. O óleo bruto extraído do fruto pode ser fracionado para serem obtidas a estearina e a oleína. A estearina serve de matéria-prima para a fabricação de cosméticos e para processos industriais, e o ajuste do pH no processo de produção de sabões, de sabonetes e de emolientes é um dos benefícios trazidos por ela.

A produção de margarina é exemplo do uso de gorduras vegetais obtidas pela modificação de óleos vegetais. Desenvolvida para substituir a manteiga, a margarina é um produto conhecido há mais de cem anos e continua presente nos domicílios brasileiros e no mundo em geral. Segundo a Portaria n. 43, de 22 de março de 2019, do Ministério da Agricultura, Pecuária e Abastecimento, a margarina é um produto gorduroso em emulsão estável do tipo água em óleo (A/O), composto por óleos ou gorduras de origem animal ou vegetal, água e outros ingredientes (Brasil, 2019a). Pode ainda conter leite, seus constituintes ou derivados. A margarina foi, por muito tempo, obtida industrialmente a partir de óleos hidrogenados. Como, nesse produto, há a necessidade de uma fração sólida para garantir consistência e estabilidade, o processo de hidrogenação, total ou parcial, é promovido para diminuir as insaturações nas cadeias dos ácidos graxos e, consequentemente, aumentar o ponto de fusão dos óleos. No entanto, como dito anteriormente, no Brasil, a Anvisa restringe o uso de gordura trans em produtos industriais.

Tendo em vista o entendimento de que as gorduras trans não são benéficas para o funcionamento do organismo e, mais recentemente, considerando as exigências da legislação, a indústria passou a utilizar a interesterificação e o fracionamento em substituição à hidrogenação para obter gordura com ponto de fusão mais adequado para fabricação de margarinas. Atualmente, a maioria das margarinas disponíveis no mercado não contém gordura trans. Isso é resultado de processos como o fracionamento e a interesterificação para a obtenção das matérias-primas.

2.5 Biodiesel

Com a publicação da Medida Provisória n. 214, de 13 de setembro de 2004, os óleos e as gorduras no Brasil chamaram a atenção de outro setor estratégico no país: o de energia renovável (Brasil, 2004). Essa medida levou ao Programa Nacional de Produção e Uso do Biodiesel, que estabeleceu a quantidade de biodiesel a ser adicionada obrigatoriamente ao combustível diesel. A Lei n. 11.097, de 13 de janeiro de 2005, estabeleceu a obrigatoriedade da adição de um percentual mínimo de biodiesel ao óleo diesel comercializado ao consumidor, em qualquer parte do país (Brasil, 2005a). Em janeiro de 2008, entrou em vigor a mistura legalmente obrigatória de 2% (B2), em todo o território nacional. Esse percentual foi ampliado pelo Conselho Nacional de Política Energética (CNPE) sucessivamente até atingir 5% (B5) em janeiro de 2010, antecipando em três anos a meta fixada pela lei. Atualmente, está em vigor a Política Nacional de Biocombustíveis (RenovaBio), implementada pela Lei n. 13.576, de 26 dezembro de 2017, que estabelece um aumento percentual da quantidade de biodiesel na mistura comercial, prevendo atingir 15% (B15) de biodiesel até o ano de 2023 (Brasil, 2017). Com esse panorama, a produção nacional de biodiesel aumenta a cada ano.

Gráfico 2.2 – Produção de biodiesel anual no Brasil (× 1000 m^3)

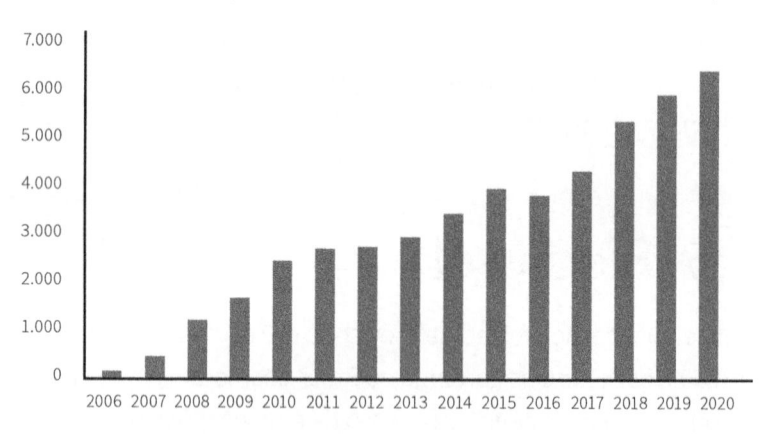

Fonte: Brasil, 2020a.

No Brasil, há uma grande diversidade de fontes de matéria-prima, e o biodiesel pode ser obtido industrialmente de quase todas elas. Segundo a Associação Brasileira das Indústrias de Óleos Vegetais (Abiove), em 2020 o óleo obtido a partir da soja foi a matéria-prima mais utilizada para produzir biodiesel, o que pode ser facilmente explicado dada a ampla produção nacional desta cultura (Abiove, 2021).

Gráfico 2.3 – Matéria-prima para produção de biodiesel no Brasil

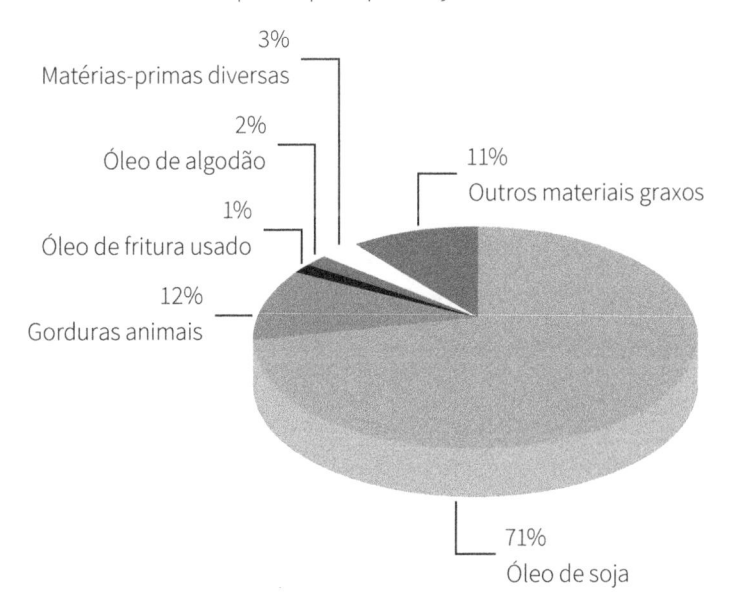

- 3% Matérias-primas diversas
- 2% Óleo de algodão
- 1% Óleo de fritura usado
- 12% Gorduras animais
- 11% Outros materiais graxos
- 71% Óleo de soja

Fonte: Brasil, 2020a.

No passado, os óleos foram utilizados de maneira direta nos motores a diesel. Os óleos vegetais têm elevado poder calorífico e ausência de enxofre em suas composições; contudo, atualmente, há um entendimento de que a queima direta de óleos nos motores a combustão não é aconselhável, pois eles têm alta viscosidade e baixa volatilidade. Assim, é provável que ocorra uma combustão incompleta e depósito de resíduo dentro do motor, diminuição da eficiência de lubrificação, bem como obstrução nos filtros de óleo e nos sistemas de injeção. Além disso, a queima da glicerina provoca a emissão de um composto químico altamente tóxico e cancerígeno, a acroleína.

O biodiesel pode ser definido como um combustível para motores à combustão interna com ignição por compressão derivado de óleos vegetais ou de gorduras animais; e substitui parcial ou totalmente o óleo diesel de origem fóssil. Ele é um combustível renovável e biodegradável que apresenta menor emissão de poluentes, maior ponto de fulgor e maior lubricidade quando comparado ao óleo mineral ou ao diesel. Outra vantagem é que ele pode ser utilizado diretamente nos motores já existentes movidos a diesel, sem demandar nenhuma adaptação. O biodiesel pode, alternativamente, ser adicionado, em qualquer proporção, ao diesel de petróleo, já que juntos formam uma mistura homogênea.

A reação de transesterificação é uma reação utilizada para obtenção do biodiesel a partir de óleos e de gorduras. Ela é uma reação química entre compostos orgânicos que tem como reagentes um éster (RCOOR') e um álcool (R"OH) e como produtos um novo éster (RCOOR") e um novo álcool (R'OH). No caso particular da reação que gera o biodiesel, um glicerídeo (éster) reage com um álcool simples (metanol ou etanol), ocorrendo a troca do glicerol (álcool) e a quebra da estrutura química dos triglicerídeo. Os produtos dessa reação são uma mistura de ésteres de ácido graxo e glicerina. A mistura de ésteres graxos resultante da transesterificação é denominada *biodiesel*. Há, nesse processo, a necessidade do uso de um catalisador, de um ácido ou de uma base forte, para aumentar a velocidade da reação.

Figura 2.11 – Reação de transesterificação – formação do biodiesel

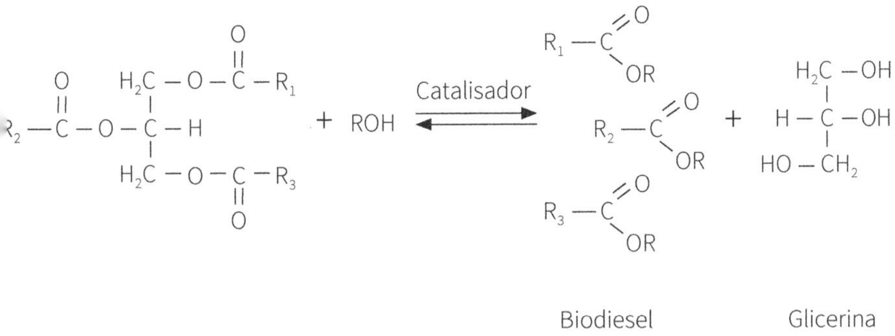

$$\begin{array}{c} \text{O} \\ \parallel \\ R_2-C-O-C-H \\ \end{array} \begin{array}{c} \text{O} \\ H_2C-O-C-R_1 \\ \parallel \\ \text{O} \\ H_2C-O-C-R_3 \\ \parallel \\ \text{O} \end{array} + \text{ROH} \xrightleftharpoons{\text{Catalisador}} \begin{array}{c} R_1-C\diagup^{\text{O}}_{\diagdown \text{OR}} \\ R_2-C\diagup^{\text{O}}_{\diagdown \text{OR}} \\ R_3-C\diagup^{\text{O}}_{\diagdown \text{OR}} \end{array} + \begin{array}{c} H_2C-OH \\ \mid \\ H-C-OH \\ \mid \\ HO-CH_2 \end{array}$$

                                                  Biodiesel   Glicerina

O processo geral é uma sequência de três reações consecutivas e reversíveis, nas quais di- e monoglicerídeos são formados como intermediários. A reação estequiométrica requer 1 mol de um triglicerídeo e 3 mols de álcool. No entanto, um excesso de álcool é usado para aumentar os rendimentos do produto e facilitar a separação do glicerol formado.

    O método industrialmente mais praticado para produção do biodiesel procede da transesterificação de óleos vegetais em catálise homogênea por processo batelada descontínuo, o qual é realizado em duas etapas distintas: (1) reação química; e (2) separação dos produtos. Embora muitos estudos proponham outras rotas de produção, essa metodologia continua sendo a mais empregada em razão de sua simplicidade.

    Para produzir o biodiesel, é necessário inicialmente eliminar as impurezas do óleo, o que requer um processo de filtração. Além das impurezas, é preciso remover água, pois esta provocará a hidrólise do triglicerídeo, que levará à formação de ácidos graxos livres, motivo pelo qual a questão da presença de H_2O é particularmente importante na produção nacional de biodiesel. No mundo, o álcool preferido para a produção de biodiesel é o metanol, uma vez que é mais barato, isento de água e tem cadeia mais curta e mais polar que o etanol. No Brasil, existe um apelo adicional pelo uso de etanol, tendo em conta a disponibilidade e a relevância desse produto no país. Esse álcool, além de ser um biocombustível, não apresenta a toxidade do metanol. Assim, para utilizar o etanol, é fundamental remover a água do óleo e também do álcool.

O catalisador ao qual se recorre industrialmente é o hidróxido de sódio (ou hidróxido de potássio), ou seja, a reação é uma catálise básica. No meio reacional, são adicionados o óleo, o álcool e o catalisador. O íon hidróxido (^-OH), em meio alcoólico, leva à formação do íon alcóxido e, no caso do etanol, ao íon etóxido ($CH_3CH_2O^-$), que é uma base muito mais forte que o íon hidróxido. A despeito de a adição do alcóxido ser melhor do que sua formação em meio reacional, isso eleva o custo do processo e, na prática, não é feito.

Os íons alcóxidos fazem um ataque nucleofílico em uma das carbonilas do triglicerol, conduzindo à formação de um intermediário tetraédrico, o qual elimina uma molécula de éster etílico e um diacilglicerol. Com a repetição desse processo por mais dois ciclos, obtêm-se mais duas moléculas de ésteres e uma de glicerol. A adição de álcool em excesso favorece a reação, e o uso de catalisadores básicos acelera a reação em aproximadamente 4 mil vezes.

Figura 2.12 - Mecanismo de obtenção do biodiesel

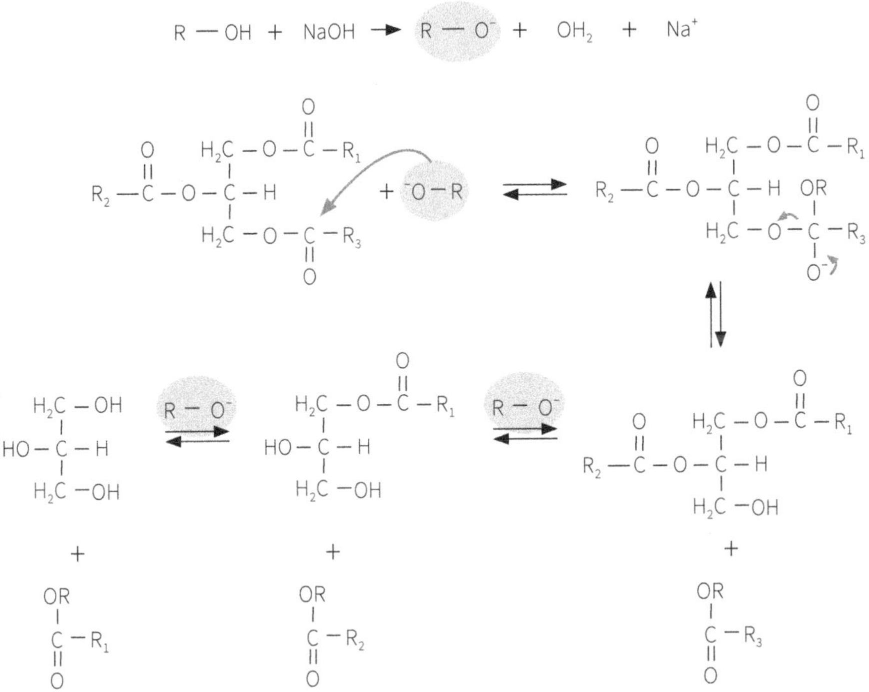

Após a etapa de transesterificação, os ésteres obtidos ainda não podem ser classificados como biodiesel, pois, antes, devem atender às especificações de qualidade estabelecidas pela Agência Nacional do Petróleo, Gás Natural e Biocombustíveis (ANP). Para tanto, devem ser removidos outros produtos formados, tais como glicerina livre, álcool, catalisador residual, mono-, di- e triacilgliceróis não reagidos e sabões. As especificações para uso do biodiesel como combustível são definidas pela Resolução ANP n. 45, de 25 de agosto de 2014 (Brasil, 2014).

Tabela 2.3 – Especificações para o biodiesel comercial

Especificação	Unidade	Limite
Teor de éster	% massa	96,5
Glicerol livre, máx.	% massa	0,02
Monoacilglicerol, máx.	% massa	0,7
Diacilglicerol, máx.	% massa	0,20
Triacilglicerol, máx.	% massa	0,20
Etanol/metanol, máx.	% massa	0,20
Sódio + potássio, máx.	mg/kg	5
Teor de água, máx.	mg/kg	200,0

Fonte: Brasil, 2020a.

O produto da reação de transesterificação é o éster, que, então, segue para o decantador, um vaso horizontal no qual a mistura permanece pelo tempo necessário para que as fases de éster e de glicerina se separem em decorrência da diferença de densidade. O glicerol, sendo mais denso que o biodiesel, decanta facilmente e também arrasta outras impurezas presentes na mistura.

Existem dois métodos principais para purificar o biodiesel: a lavagem úmida e a lavagem a seco. No caso da **lavagem a seco**, adicionam-se produtos adsorventes ao biodiesel, para retirar contaminantes. Os adsorventes são usados em torres de adsorção, por onde o biodiesel passa com vazão controlada. O glicerol fica adsorvido, e o biodiesel flui com baixa concentração de impurezas. Os produtos adsorventes são removidos através de filtros-bolsa em pequena escala e por filtros pressurizados ou de tambor rotativo a vácuo em larga escala.

Por outro lado, o método de purificação mais tradicional é a **lavagem úmida**, geralmente utilizando água acidificada para auxiliar na neutralização do excesso de catalisador. Após a geração da glicerina, é efetuada a adição de água quente sob agitação lenta, a fim de se evitar a formação de emulsões. O biodiesel é separado por decantação da fase aquosa e posteriormente aquecido, para a secagem e a remoção da umidade. Esse processo, apesar de barato e eficiente, é muito lento e gera um volume grande de efluente.

Dois processos de reaproveitamento são importantes na produção de biodiesel: (1) do álcool e (2) da glicerina. O **álcool** colocado em excesso ou não consumido no processo de transesterificação é reaproveitado em outras reações de obtenção de biodiesel. Para isso, ele deve ser extraído do biodiesel e da glicerina, os dois grandes produtos da reação de transesterificação. Uma corrente de vapor é responsável pela retirada do álcool dos produtos, e, após isso, ele é resfriado em um condensador. Por fim, a mistura água/álcool é destilada para recuperação e reuso do álcool.

Um destaque deve ser dado à recuperação da **glicerina**. A glicerina separada no processo é neutralizada adicionando-se ácido clorídrico em um misturador. Nessa etapa, os sabões presentes são convertidos em ácidos graxos. Depois de neutralizada, ela é transferida para etapa de recuperação do álcool, que o retira e seca a glicerina ao mesmo tempo. A glicerina resultante é a bruta, que contém impurezas como sais e ácidos e uma concentração ao redor de 85% de glicerol. A destilação dessa glicerina resulta na obtenção de um grau técnico e em uma qualidade superior.

Estima-se que 10% m/m do óleo vegetal dedicado à produção de biodiesel seja convertido em glicerina. Assim, esta é um importante subproduto do processo de produção de biodiesel, visto que apresenta um valor comercial interessante, sendo utilizada, dependendo de sua pureza, na indústria médico-farmacêutica, na de cosméticos (em emolientes), na química (no gliceraldeído), em solventes para tintas e vernizes, em lubrificantes, em compósitos (como plásticos biodegradáveis), em substratos para processos biotecnológicos, entre outros.

Síntese

Neste capítulo, analisamos o processo químico de produção de óleos e de gorduras. A produção cujas matérias-primas são de origem vegetal configura um importante segmento industrial no Brasil. O método de extração do óleo vegetal está relacionado ao teor de óleo da matéria-prima. A extração a frio com uma prensa mecânica é utilizada quando o teor de óleo é alto. Para tanto, a matéria-prima é prensada e, por meio do esmagamento dela, ocorre a separação do óleo. No mundo, o óleo vegetal mais consumido é oriundo da soja. Como a soja tem um teor baixo de óleo, é executado o processo de extração de óleo por solvente. Nesse processo, o solvente entra em contato com os grãos e retira as partículas de óleo, através de uma relação de afinidade química entre moléculas de baixa polaridade (solvente e óleo).

Atividades de autoavaliação

1. Sobre os glicerídeos, é **incorreto** afirmar:
   a) São compostos formados pela esterificação do glicerol (um álcool) com uma, duas ou três moléculas de ácidos graxos.
   b) São sempre compostos por 3 grupos R idênticos.
   c) Quando o álcool formador é o glicerol, são denominados *triacilgliceróis*.
   d) Podem existir gliceróis saturados e insaturados.
   e) Têm ocorrência natural.

2. Sobre óleos e gorduras, é correto afirmar:
   a) Não há possibilidade de ocorrer interações de Van der Waals nos triacilgliceróis.
   b) As gorduras têm grandes quantidades de ácidos graxos insaturados, ao passo que óleos têm, em sua composição, prioritariamente, ácidos graxos saturados.
   c) O estado sólido dos lipídeos não apresenta estruturas cristalinas.
   d) Em geral, os óleos são líquidos à temperatura ambiente, ao contrário das gorduras, que são sólidas.
   e) Os ácidos graxos que compõem os lipídeos não têm cadeias carbônicas com mais de 10 carbonos.

3. Sobre o processo de extração de óleo por arraste a vapor, é correto afirmar:
   a) Utiliza o vapor d'água para volatilizar e separar o óleo da matéria vegetal.
   b) Só é eficiente para retirar óleo de folhas.

c) O vapor d'água dissolve os óleos da matéria vegetal.
d) Apenas o óleo é condensado, facilitando a extração do óleo da matéria vegetal.
e) É um processo muito utilizado em razão de não demandar energia térmica.

4. Sobre o processo de extração por solvente na produção de óleo de soja, é correto afirmar:
   a) O solvente, ao entrar em contato com a soja, dissolve todos os componentes dos grãos.
   b) O solvente utilizado é o hexano.
   c) Para separar o óleo do solvente, opera-se a extração por arraste a vapor.
   d) O farelo de soja resultante do processo não pode ser reutilizado para outros fins comerciais, pois é contaminado pelo solvente da extração.
   e) Denomina-se *miscela* a mistura homogênea formada pelo óleo de soja e pelo solvente de extração.

5. O processo de degomagem é a etapa responsável pela:
   a) eliminação dos ácidos graxos livres.
   b) separação da lecitina.
   c) redução da quantidade de corantes naturais.
   d) separação do óleo do solvente.
   e) desodorização dos óleos comestíveis.

Atividades de aprendizagem

Questões para reflexão

1. Como é possível avaliar se um método de extração de óleo é apropriado para um material vegetal?
2. Relacione a reação de transesterificação e a produção do biodiesel.
3. Qual é a importância do uso do etanol na produção do biodiesel no Brasil?

Atividade aplicada: prática

1. Em um supermercado de sua cidade, avalie quais óleos estão disponíveis para comercialização. Não se esqueça de verificar a seção de produtos naturais. Busque quais foram os processos de extração do óleo realizados para cada produto e compare-os com os processos abordados neste capítulo.

Capítulo 3

Produção de sabões e detergentes

Os saneantes são produtos que facilitam a limpeza e a conservação de ambientes (casas, escritórios, lojas, hospitais). Embora seja praticada desde os tempos remotos, a limpeza se tornou indispensável para a sociedade após se associar com a higiene e a saúde. Atualmente, na prática da medicina, por exemplo, são imprescindíveis os cuidados básicos de limpeza para evitar infecção hospitalar e acometimento de doenças mais graves do que as que levaram o paciente até o hospital.

O primeiro produto de limpeza conhecido foi o sabão, que surgiu a partir da prática de ferver gordura animal com cinzas. Esse procedimento, apesar de rudimentar, foi a fonte primária de limpeza geral por muitos séculos, pois era utilizado para o corpo e para superfícies. Por ser um ramo da indústria química de extrema importância, várias tecnologias e produtos foram desenvolvidos com o passar dos anos, incorporando conceitos modernos de fabricação e formulações químicas que agregaram qualidade e inovação ao comércio, à indústria, às residências e a qualquer ambiente onde há circulação de pessoas.

Esse segmento da indústria química é fundamental no cenário nacional. Segundo a Associação Brasileira das Indústrias de Produtos de Higiene, Limpeza e Saneantes de Uso Doméstico e de Uso Profissional (Abipla), em 2020, o número de empresas no Brasil que produzem sabões e detergentes foi de 2.611. Destas, 2.202 são microempresas, o que revela uma característica local desses produtos e uma grande oportunidade para o profissional da química, pois qualquer empresa desse ramo necessita, obrigatoriamente, contratar um (Abipla, 2021). No geral, as pequenas empresas de produtos de limpeza funcionam sem grandes investimentos e sem contar com tecnologia de ponta.

O processo de produção dos saneantes comuns, como o sabão e o detergente, é simples. Por eles serem imprescindíveis para a proteção da saúde, há uma ampla demanda por esses produtos. Há, na comercialização e na produção dos saneantes, o controle da Agência Nacional de Vigilância Sanitária (Anvisa), porque eles apresentam alguns riscos associados à sua utilização. Não é rara a comercialização de produtos que não tenham registro na Anvisa e, portanto, impróprios para o consumo. Muitas vezes, são produtos cujos ingredientes não estão adequados para o uso ou estão em quantidades que podem colocar a saúde do consumidor em risco. Esses produtos são habitualmente vendidos, de modo irregular, por camelôs, ambulantes, caminhões ou de porta em porta; também podem ser oferecidos em lojas de produtos para limpeza em geral, inclusive a granel.

Os principais produtos dessa indústria são os sabões e os detergentes. Os processos de produção destes se assemelham aos dos sabonetes, dos xampus, dos cremes dentais, dos sabões especiais para máquinas de lavar louça e roupas, dos detergentes desinfetantes e outros. Diante do panorama apresentado, a produção de saneantes justifica a discussão que será abordada neste capítulo.

3.1 Química do sabão

A função química do sabão que o faz um produto de limpeza imprescindível é o fato de que ele age como um tensoativo, ou seja, diminui a repulsão natural entre a água e determinados tipos de sujeiras, pela redução da tensão formada entre dois líquidos. Desse modo, ele auxilia a remoção das sujeiras. Nesse ponto, vale lembrar que, se a água é incapaz de remover qualquer tipo de sujeira, o sabão também não tem essa propriedade: a função do sabão não é limpar, mas sim promover o contato entre a água e as sujidades.

Embora a química de um sabão seja fortemente determinada pela especificidade do produto avaliado, dois ingredientes são fundamentais e estão presentes seja qual for a particularidade do produto: óleo e álcali. Portanto, através dessa mistura de óleo e álcali, o sabão pode ser definido como um sal de ácido carboxílico, o qual possui uma grande cadeia carbônica. Mais especificamente, o sabão é um sal de ácido graxo, apresentando, assim, uma parte polar e uma parte apolar. No processo de limpeza, a parte apolar (hidrofóbica) interage com o óleo; a parte polar (hidrofílica), com a água.

A presença de partes com polaridades distintas na molécula de sabão faz com que seja estabelecido um momento de dipolo elétrico. A parte positiva será formada pelo cátion advindo do reagente álcali (geralmente sódio ou potássio), e a carga negativa será localizada no radical carboxílico advindo do ácido graxo de origem. A Figura 3.1 representa a molécula de sabão (〰〰〰●).

Figura 3.1 – Molécula do sabão

Cauda
Cadeia apolar – Hidrofóbica
Interação com óleo

Cabeça
Radical polar – Hidrofílico
Interação com água

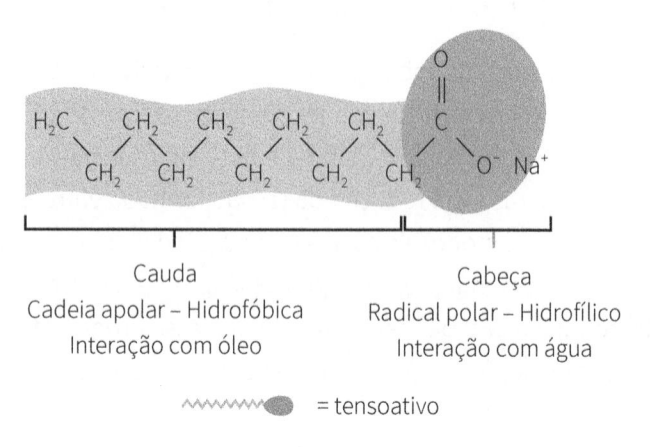

= tensoativo

Como já discutimos no Capítulo 2, os óleos e as gorduras são constituídos principalmente por trigliceróis, ou seja, moléculas formadas pela esterificação de ácidos graxos e o glicerol.
Para o uso na produção de sabão, os ácidos graxos de interesse são aqueles com longas cadeias carbônicas, para favorecer a interação com as moléculas apolares da sujeira. Geralmente, são utilizados ácidos graxos com mais de 10 carbonos na molécula, e aqueles com mais de 18 carbonos não são desejáveis. Os óleos e as gorduras empregados na fabricação do sabão influenciam as características finais do produto. Os principais ácidos graxos presentes na maioria dos óleos e das gorduras – e, portanto, utilizados na fabricação de sabão – são o ácido oleico (18:1), o ácido esteárico (18:0) e o ácido palmítico (16:0).

Alguns índices são importantes na escolha do óleo: índice de saponificação (I.S.) e índice de iodo (I.I.). O **índice de saponificação** de um óleo ou de uma gordura indica a quantidade relativa de ácidos graxos de alto e baixo pesos moleculares presente no óleo. O valor numérico é obtido por meio de uma análise química que determina a massa de hidróxido de potássio (KOH) necessária para saponificar completamente um grama de óleo. Os valores são dados em mg de KOH/g de óleo. Os ésteres de ácidos graxos de baixo peso molecular requerem mais álcali para a saponificação. É preciso observar que, quanto maior o peso molecular do óleo, menor será seu índice de saponificação, ou seja, a transformação desse óleo em sabão será mais fácil. A reação de saponificação é demonstrada na Figura 3.2, a seguir.

Figura 3.2 – Reação química da determinação do índice de saponificaço

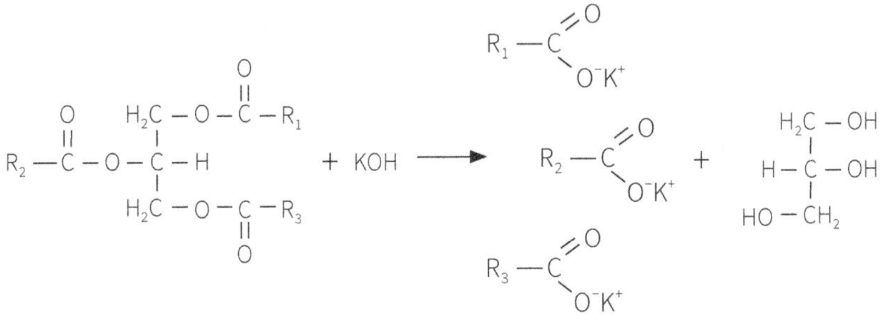

$$R_2-\overset{O}{\underset{\|}{C}}-O-\overset{H_2C-O-\overset{O}{\underset{\|}{C}}-R_1}{\underset{H_2C-O-\overset{}{\underset{\|}{C}}-R_3}{\overset{|}{C}-H}} + KOH \longrightarrow \begin{array}{c} R_1-C\overset{\diagup O}{\diagdown O^-K^+} \\ R_2-C\overset{\diagup O}{\diagdown O^-K^+} \\ R_3-C\overset{\diagup O}{\diagdown O^-K^+} \end{array} + \begin{array}{c} H_2C-OH \\ | \\ H-C-OH \\ | \\ HO-CH_2 \end{array}$$

O **índice de iodo** revela o grau de instauração de uma gordura. A reação orgânica de adição em duplas ligações em cadeias carbônicas é utilizada para obter o grau de instauração da cadeia carbônica do óleo. Nas reações de adição de halogênio, mais especificamente na do iodo, di-iodetos vicinais são formados pela adição dos iodos de uma molécula de I_2 à dupla ligação na cadeia carbônica. Com esse teste, é possível medir as insaturações desses produtos, pela verificação da massa em gramas de iodo absorvido por 100 gramas de amostra. Um alto índice de iodo indica a presença de muitas duplas de ligações na cadeia carbônica, o que é característico de óleo. Por outro lado, um baixo índice de iodo evidencia que há poucas duplas na cadeia carbônica, ou seja, característica de gorduras. A Figura 3.3, a seguir, representa a reação de um alceno com I_2.

Figura 3.3 – Reação química da determinação do índice de iodo

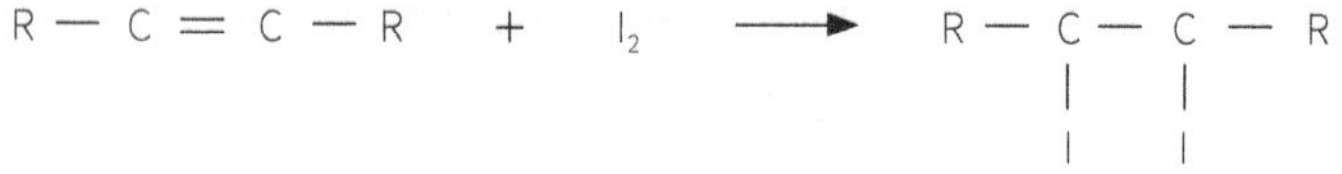

$$R - C = C - R \ + \ I_2 \ \longrightarrow \ R - \underset{|}{\overset{|}{C}} - \underset{|}{\overset{|}{C}} - R$$

Um maior índice de iodo também significa que o óleo ou a gordura é mais suscetível a reagir com o oxigênio atmosférico, em uma reação denominada *rancificação*, produzindo um odor desagradável que caracteriza o ranço dos óleos e das gorduras.

A Anvisa normatiza os valores de índice de saponificação, de índice de iodo e de material não saponificável que devem ser encontrados nos principais óleos comerciais. Alguns valores estão descritos na tabela a seguir.

Tabela 3.1 – Índice de saponificação, índice de iodo e material não saponificável

Óleo	Índice de saponificação mg KOH/g de óleo	Índice de iodo g I_2/100 g óleo	Matéria não saponificável g/100 g (máximo)
Algodão	189–198	99–119	1,5
Soja	189–195	120–143	1,5
Coco	248–265	6–11	1,5

(continua)

(Tabela 3.1 – conclusão)

Óleo	Índice de saponificação mg KOH/g de óleo	Índice de iodo g I_2/100 g óleo	Matéria não saponificável g/100 g (máximo)
Palma	190–205	50–60	1,2
Palmiste	230–254	14–21	1,0

Fonte: Elaborada com base em Brasil, 1999, 2021a.

Outra principal matéria-prima para produção do sabão é o álcali, o qual, no meio industrial, é denominado *lixívia*, isto é, a solução aquosa do álcali. Os principais álcalis utilizados nesse processo são o hidróxido de sódio (NaOH), conhecido como *soda cáustica*, e o hidróxido de potássio (KOH), conhecido como *potassa cáustica*. Os sabões produzidos com KOH formam um produto mais solúvel em água do que os produzidos com NaOH. Por outro lado, os produzidos com KOH são ditos *sabões macios* (geralmente pastosos), ao passo que os produzidos com NaOH são ditos *sabões duros* (geralmente em barra).

Além desses álcalis, há o Na_2CO_3, industrialmente conhecido como *barrilha*, que possibilita ajustar o pH aos valores desejados, também agindo como carga em sabões opacos.

Os sabões originam-se da reação dessas duas matérias-primas básicas, através da saponificação (Figura 3.4), que é uma reação de neutralização. Nessa reação do óleo com uma solução aquosa de álcali, ocorre a formação de glicerol e de uma mistura de sais alcalinos de ácidos graxos, que são, efetivamente, os sabões.

Figura 3.4 – Reação de saponificação

$$R_2-\overset{O}{\underset{}{C}}-O-\overset{H_2C-O-\overset{O}{\underset{}{C}}-R_1}{\underset{H_2C-O-\overset{}{\underset{O}{C}}-R_3}{C-H}} + NaOH \longrightarrow R_1-C\overset{\nearrow O}{\searrow O^-Na^+} + R_2-C\overset{\nearrow O}{\searrow O^-Na^+} + R_3-C\overset{\nearrow O}{\searrow O^-Na^+} + \overset{H_2C-OH}{\underset{HO-CH_2}{H-C-OH}}$$

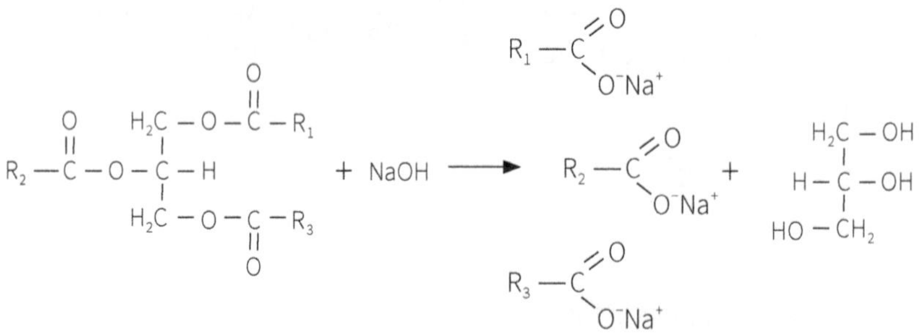

Como em qualquer processo químico, a proporção molar é fator decisivo para a qualidade do produto. A estequiometria da reação revela que são necessários 3 mols de álcali por mol de triglicerídeo.

A simplicidade da reação química é refletida na do processo industrial. O óleo, a água e o álcali são colocados em um tanque agitador de inox com temperatura em torno de 150 °C e deixa-se esse *mix* reagir por aproximadamente 30 minutos. Para viabilizar a separação das fases do produto, adiciona-se NaCl. A fase superior é o sabão, e a fase inferior é composta por glicerina, água, excesso de álcali e possíveis impurezas. Após a separação das fases, adiciona-se ao sabão uma nova solução aquosa de álcali, favorecendo a formação do sabão.

A obtenção de um sabão com qualidade superior e muito claro exige que a matéria-prima – óleos ou gorduras – seja bem filtrada e que a reação de saponificação seja feita sob vácuo. Em alguns casos, os óleos e as gorduras passam por um processo de clareamento antes da saponificação. O processo descrito é bastante executado em fábricas menores. Nas fábricas de grande porte, o processo industrial utilizado é conhecido como *hidrólise contínua*. Neste, o passo inicial é a separação dos ácidos graxos e da glicerina com a hidrólise do triacilglicerol. Para esse processo, é necessário aumento de temperatura e de pressão, além do uso de um catalisador – costumeiramente zinco. Os ácidos graxos são destilados para purificação. Não é raro, mediante a destilação, também ser promovida a separação dos ácidos graxos em função do comprimento da cadeia carbônica. Para tanto, realiza-se a destilação a vácuo. Em seguida, com os ácidos graxos separados, promove-se a neutralização contínua, com soda cáustica a 50%. Após isso, o sabão vai para um tanque de homogeneização, em que será corrigido o pH e adicionados compostos inorgânicos que agem como carga, como o NaCl e o Na_2SiO_3.

Em razão da exigência do mercado consumidor, aditivos podem ser acrescentados ao sabão para melhorá-lo ou conferir propriedades organolépticas. Destacam-se, entre esses aditivos, aromatizantes, corantes, agentes umectantes, branqueadores ópticos, entre outros. Contudo, em função das características singulares do meio reacional, a escolha dos aditivos deve ser cautelosa, para não formar soluções heterogêneas indesejáveis.

Como é produto de grande valor comercial, a glicerina oriunda da reação de saponificação ou da reação de hidrólise dos triglicerídeos é recuperada a partir de um processo de destilação, alcançando inicialmente pureza superior a 80%. A despeito disso, o processo pode ser adequado para obter purezas ainda maiores, próximas a 99%, dependendo do interesse e da capacidade financeira da fábrica de sabão.

3.2 Química dos detergentes

Um detergente é qualquer composto que possa servir de agente de limpeza. Com base nessa definição ampla, claramente o sabão pode ser classificado como um tipo de detergente. Contudo, na prática, *detergente* é um termo utilizado para designar os produtos que podem ser substitutos sintéticos do sabão.

Assim como no caso do sabão, a função do detergente na remoção da sujeira é agir como um tensoativo e redutor da repulsão química natural entre a água e os óleos ou as gorduras. Portanto, as moléculas que constituem o princípio ativo dos detergentes têm longas cadeias carbônicas (apolares) com um grupo polar em uma de suas extremidades, normalmente sais de ácidos sulfônicos. Atualmente, uma significativa variedade de moléculas químicas pode ser destinada ao mesmo fim, mas uma grande parte ainda mantém essa característica.

Embora o ácido sulfônico seja especificamente o H–S(=O)$_2$–OH, na indústria de sabões e detergentes, trata-se de qualquer ácido orgânico que contenha enxofre e tenha a fórmula geral RSO$_3$H, na qual *R* é um grupo orgânico (Figura 3.5).

Figura 3.5 – Estrutura química dos ácidos sulfônicos

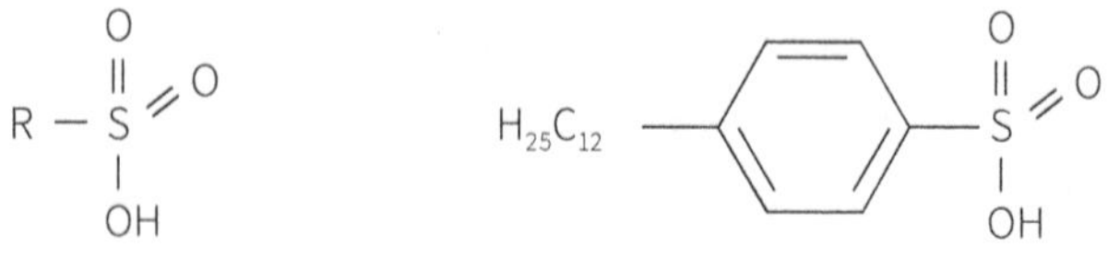

Ácido sulfônico – Fórmula geral

Ácido dodecilbenzenosulfônico

Um dos ácidos sulfônicos mais utilizados pela indústria de detergentes é o ácido dodecilbenzenosulfônico linear, que é obtido industrialmente a partir de uma reação de sulfonação de dodecilbenzeno. Nela, são produzidos compostos aromáticos com ramificações alifáticas lineares de cadeias longas. Convém lembrar que o dodecilbenzeno é um derivado petroquímico, ou seja, não é preciso utilizar, como matéria-prima, óleo ou gordura para produção de detergentes.

Historicamente, o detergente ganhou notoriedade no cenário da Segunda Guerra Mundial, em que havia a necessidade de produzir material de limpeza na ausência de óleos e gorduras, dado o embargo econômico imposto às zonas de guerra na Europa. Os primeiros detergentes comercializados, em torno de 1950, tinham como ingredientes ativos o alquilsulfato e o tripolifosfato de sódio. Com o sucesso atingido por esses produtos, sua comercialização foi expandida e, consequentemente, houve preocupação com sua ação sobre os leitos de águas. Várias ocorrências, em geral, atribuídas à observação de espumas e eutrofização, foram relatadas e correlacionadas ao efeito da presença de detergentes. A formação de espumas nos leitos dos rios foi associada à presença dos alquilsulfatos, pois estes não eram facilmente degradados pelos microrganismos. Já o problema da eutrofização foi relacionado às altas concentrações do elemento fósforo na água.

Inicialmente foram utilizadas, como princípio ativo na produção de detergentes, moléculas que tinham muitas ramificações na cadeia carbônica, sendo originadas do benzeno e do propileno. As ramificações dificultam a ação dos microrganismos responsáveis pela quebra das cadeias carbônicas, fazendo com que estas permaneçam e se acumulem nos leitos dos rios. O termo *biodegradável* é usado para definir aqueles detergentes que não acumulam, sendo degradados pelos microrganismos presentes naturalmente nos rios e nos lagos. Para ser biodegradável, o alquilsulfato tem uma cadeia linear.

Em resposta à necessidade de adequação dos detergentes, surgiu a classe de princípio ativo conhecida como *LAS*, ou *alquilbenzenos sulfonatos lineares*. Ele passou a ser utilizado em 1964, em substituição às moléculas ramificadas anteriormente. No mercado, o LAS é fornecido com uma mistura de isômeros (aproximadamente 20), cada um contendo um anel aromático sulfonado na posição *para* e ligado a uma cadeia alquil linear em qualquer posição, exceto pelos carbonos terminais. A cadeia carbônica tem de 10 a 13 carbonos (Figura 3.6). O tipo de substituições do iso-LAS mostrou não limitar sua biodegradação, que, em condições ambientais, é comparável à do LAS.

Figura 3.6 – Estrutura química do LAS

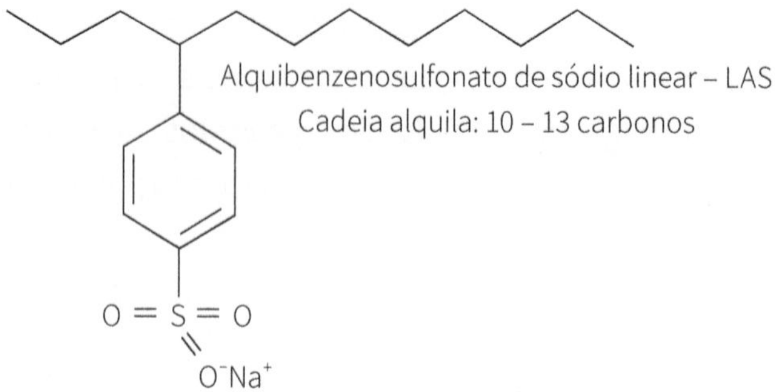

Alquibenzenosulfonato de sódio linear – LAS
Cadeia alquila: 10 – 13 carbonos

$O = S = O$
$O^- Na^+$

Em 1985, o governo brasileiro sancionou a Lei n. 7.365, de 13 de setembro de 1985 (Brasil, 1985), regimentando que as empresas industriais do setor de detergentes somente podem produzir detergentes não poluidores (biodegradáveis). Apesar disso, no mercado nacional, ainda podem ser encontrados detergentes com princípios ativos não biodegradáveis.

Com relação à presença de fósforo, o problema gerado é que esse fator favorece o crescimento de algumas espécies de plantas aquáticas, como as algas, acarretando menor disponibilidade de oxigênio para os animais aquáticos e, por conseguinte, desequilíbrio ambiental. Tendo isso em mente, a Resolução Conama n. 359, de 29 abril de 2005 (Brasil, 2005c), estabelece que a concentração máxima de fósforo em detergentes líquidos deve ser de 4,80%.

O preparo dos detergentes é muito simples e envolve operações básicas de neutralização, de inserção de aditivos e de homogeneização, todas em meio aquoso. As matérias-primas são colocadas em um batedor/agitador, e as reações de hidratação do tripolifosfato de sódio e a neutralização do ácido alquilbenzenosulfônico linear com soda cáustica são exotérmicas. A mistura é, então, aquecida até cerca de 85 °C e agitada até formar uma solução homogênea. Os aditivos (conservantes, agentes sequestrantes, corante, fragrância etc.) são inseridos. Por fim, o controle do pH deve ser efetuado em acordo com o produto desejado. Após isso, o produto está pronto para o envase. Todas essas etapas são feitas dentro de um batedor.

Um detergente muito utilizado é o detergente em pó para lavagem de roupas. O processo de produção dele é similar ao descrito para o detergente líquido, no entanto, contempla a etapa de secagem por pulverização (*spray-drying*). Nela, a solução homogênea é aquecida e, em seguida, bombeada para o topo de uma torre, no qual é pulverizada através de bicos sob alta pressão, para produzir pequenas gotas, as quais fluem por uma corrente de ar quente, formando grânulos ocos à medida que secam. Os grânulos secos são coletados da parte inferior da torre de pulverização, local em que são peneirados para atingir um tamanho relativamente uniforme. Depois que os grânulos são resfriados, ingredientes voláteis ou sensíveis a altas temperaturas do processo de secagem são adicionados, como alvejante, enzimas e fragrância.

O mercado atual é cada vez mais exigente quanto à qualidade e à funcionalidade dos detergentes disponíveis. A demanda atual por produtos de limpeza indica que o consumidor busca itens mais sofisticados, especializados, concentrados, multifuncionais e eficientes. Assim, nas últimas décadas, os detergentes incorporaram aditivos que potencializaram a função do produto, bem como adicionaram funções biocidas, alvejantes, entre outras. Os detergentes podem ser desenvolvidos para atender a tarefas de limpeza específicas: desengorduramento, limpeza de carpetes ou de pisos etc. Eles podem ser formulados como ácidos, alcalinos ou com pH neutro e podem também utilizar enzimas para auxiliar nessas aplicações específicas. Uma grande variedade desses produtos está disponível para o consumidor.

Nesse processo, alguns aditivos merecem destaque, pois estão presentes em muitos produtos no mercado de limpeza. Os agentes modificadores de espuma, por exemplo, fazem com que o produto tenha uma espuma firme e que é eliminada juntamente ao detergente na etapa de enxágue. Alguns produtos, ao contrário, necessitam reduzir a quantidade de espuma gerada, como os detergentes para máquinas de lavar, sem comprometer o poder de limpeza. Portanto, é relevante ter em mente que a presença ou a quantidade espuma não está diretamente ligada ao potencial limpante do produto.

Os produtos com ação removedora de mancha também ganharam mais espaço no mercado, em substituição ao hipoclorito de sódio. Alguns suscitam ação de enzimas para essa finalidade; porém, o principal aditivo dessa classe é o perborato de sódio, $NaBO_3$, um sal de sódio do ácido perbórico. O $NaBO_3$ sofre hidrólise em contato com a água, produzindo peróxido de hidrogênio, um poderoso agente oxidante.

Outro aditivo importante são os silicatos. Esses produtos são geralmente adicionados como carga, mas também conferem aos detergentes melhores propriedades de armazenamento, reduzem a ação corrosiva deles nas máquinas de lavar e mantêm em suspensão as sujeiras de natureza argilosa.

3.3 Características dos sabões e dos detergentes

Uma longa cadeia carbônica é a principal característica em comum entre sabões e detergentes. Os princípios ativos desses dois agentes de limpeza precisam ser compatíveis quimicamente tanto com o solvente universal, a água, quanto com o principal constituinte da sujeira, o óleo. Quando a cadeia carbônica é longa, a interação com o óleo é facilitada, pois o óleo também tem uma cadeia carbônica longa. A interação entre o agente de limpeza e a sujidade é feita por meio de interações do tipo Van der Walls, com magnitude considerável, pois há várias possibilidades de interação desse tipo em longas cadeias carbônicas. Assim, a interação química apolar/apolar entre o princípio ativo e a sujeira, responsável pela remoção, é garantida.

Os sabões e os detergentes utilizam o meio aquoso para promover a limpeza, necessitando, para isso, contar com uma parte polar em suas estruturas químicas que possa interagir com a água. No caso dos sabões, essa cabeça polar é iônica, com carga elétrica líquida negativa, e formada por um íon carboxilato ligado a uma extensa cadeia carbônica. Por outro lado, nos detergentes, a parte polar que interagirá com a água é mais versátil, não estando restrita a um único tipo. Os detergentes podem ter princípios ativos com cadeias carbônicas iônicas, diferindo dos sabões por serem íons sulfonatos, e não íons carboxilatos. Existem princípios ativos detergentes que não são iônicos, mas sim moleculares, podendo apresentar cargas elétricas permanentes ou mesmo não ter cargas elétricas verdadeiras.

Embora sabões e detergentes sejam definidos como solúveis em água, a solubilidade dos sabões e seu poder de limpeza são fortemente afetados pela dureza da água. Em termos gerais, a dureza de uma água é definida pela quantidade de bicarbonatos, carbonatos, sulfatos ou cloretos de cálcio e magnésio dissolvidos nela. Portanto, **água dura** é aquela que apresenta alta concentração de sais de cálcio e magnésio dissolvidos, e, quanto maior a quantidade desses sais dissolvidos na água, mais dura ela é considerada. O Ministério da Saúde determina, no Anexo X da Portaria n. 2.914, de 12 de dezembro de 2011 (Brasil, 2011), que o limite superior de dureza em água para abastecimento, no Brasil, é de 500 mg $CaCO_3$/L.

Os sabões são sais sódicos ou potássicos de ácidos graxos. Quando são utilizados em água dura, ocorre uma reação de simples troca dos cátions Na^+ ou K^+ por Mg^{2+} ou Ca^{2+}, formando os sais de cálcio ou magnésio dos ácidos graxos. Esses sais são pouco solúveis em água, inativando o poder surfactante do sabão: ocorre agregação das micelas, que se depositam como uma espuma suja. Assim, os sabões não devem ser utilizados em água dura, diferentemente dos detergentes, que não apresentam esse problema. Os detergentes são sais de sódio ou potássio solúveis de ácido sulfônico ou alquilbenzenossulfato e são menos sensíveis aos minerais presentes na água. A reação desses ânions com os cátions da dureza da água, do cálcio e do magnésio também ocorre, mas, diferentemente dos princípios ativos dos sabões, os princípios ativos dos detergentes não formam sais insolúveis com cálcio e magnésio. Esses novos sais formados são também solúveis, mantendo o poder surfactante dos detergentes. Essa é uma grande vantagem da propriedade de limpeza dos detergentes em relação ao sabão (Figura 3.7).

Figura 3.7 – Sabões (a) e detergentes (b) em água dura

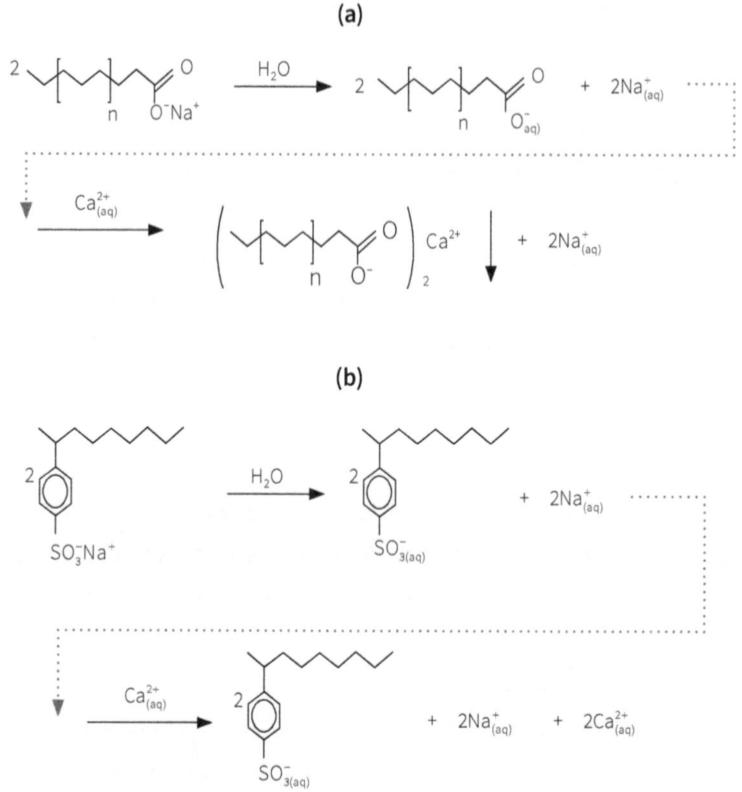

(a)

$$2\ \text{R-COO}^-\text{Na}^+ \xrightarrow{H_2O} 2\ \text{R-COO}^-_{(aq)} + 2\text{Na}^+_{(aq)}$$

$$\xrightarrow{Ca^{2+}_{(aq)}} (\text{R-COO}^-)_2 Ca^{2+} + 2\text{Na}^+_{(aq)}$$

(b)

$$2\ \text{R-C}_6\text{H}_4\text{-SO}_3^-\text{Na}^+ \xrightarrow{H_2O} 2\ \text{R-C}_6\text{H}_4\text{-SO}_3^-{}_{(aq)} + 2\text{Na}^+_{(aq)}$$

$$\xrightarrow{Ca^{2+}_{(aq)}} 2\ \text{R-C}_6\text{H}_4\text{-SO}_3^-{}_{(aq)} + 2\text{Na}^+_{(aq)} + 2Ca^{2+}_{(aq)}$$

Ainda com relação ao meio e trabalho dos sabões e dos detergentes, há diferenças quanto à sensibilidade dos sabões à acidez do meio. Os sabões não são eficientes em meios cujo pH é menor ou igual a 4,5. Esses elementos são principalmente constituídos por radicais carboxilatos, derivados dos ácidos graxos, que são ácidos fracos. Em meio ácido, ocorrem a protonação do radical carboxilato e a formação do ácido graxo correspondente. Se o pH de uma solução de sabão é reduzido, os ácidos graxos insolúveis se precipitam e formam uma espuma. Por exemplo, o sabão palmitato de sódio, quando em meio ácido, forma o ácido palmítico. Como consequência da protonação, ocorre a formação do ácido carboxílico, que não é mais um íon negativo, ou seja, não é mais capaz de interagir com a molécula de água para solubilizar nesse meio. Então, os sabões não podem ser utilizados em meios ácidos.

Os detergentes, por sua vez, são formados a partir de ânions de ácidos mais fortes que os ácidos graxos: os ácidos sulfônicos. Esses ânions não são afetados pela mudança de pH do meio, podendo também ser utilizados em pH ácido. Eles se mantêm na forma iônica mesmo em meio ácido e, portanto, preservam suas propriedades surfactantes. Assim, os detergentes podem ser utilizados em meio ácido (Figura 3.8).

Figura 3.8 – Sabões (a) e detergentes (b) em meio ácido

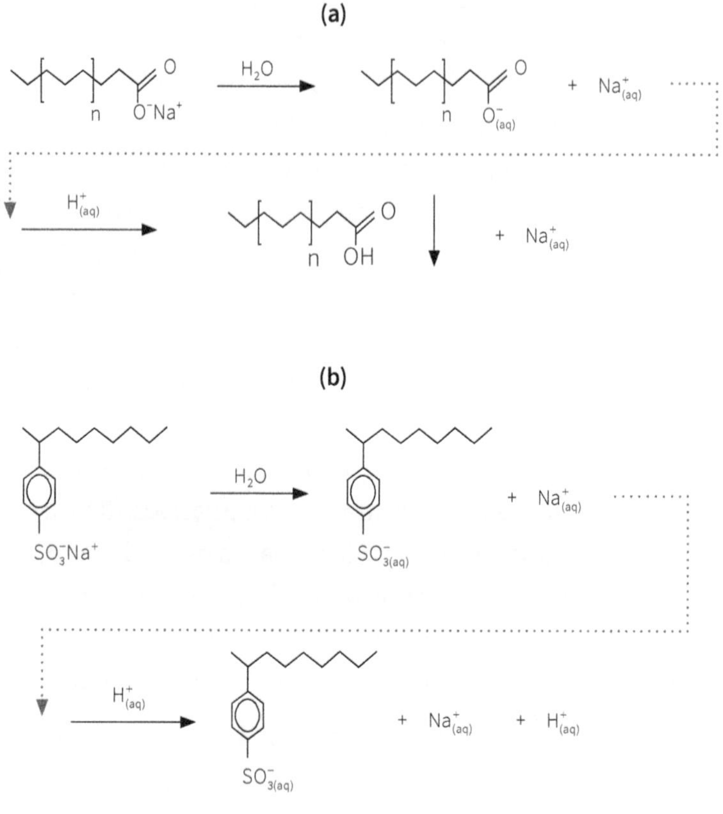

(a)

[Esquema: cadeia carbônica com grupo COO^-Na^+ $\xrightarrow{H_2O}$ cadeia com $COO^-_{(aq)}$ + $Na^+_{(aq)}$; seguida de $\xrightarrow{H^+_{(aq)}}$ cadeia com $COOH$ + $Na^+_{(aq)}$]

(b)

[Esquema: alquilbenzeno com $SO_3^-Na^+$ $\xrightarrow{H_2O}$ alquilbenzeno com $SO_3^-_{(aq)}$ + $Na^+_{(aq)}$; seguida de $\xrightarrow{H^+_{(aq)}}$ alquilbenzeno com $SO_3^-_{(aq)}$ + $Na^+_{(aq)}$ + $H^+_{(aq)}$]

Há diferença entre sabões e detergentes no que diz respeito à origem das matérias-primas. De maneira geral, para o sabão, a matéria-prima é gordura animal ou óleo vegetal, ao passo que, para os detergentes, a matéria-prima são substâncias petroquímicas. Assim, os sabões utilizam matéria-prima renovável, e os detergentes recorrem ao petróleo, um combustível não renovável. E, se a preocupação é ecológica e ambiental, o destino dos sabões e dos detergentes também

é característica distintiva deles: os sabões são totalmente biodegradáveis; nos detergentes, essa propriedade nem sempre é simples.
O Quadro 3.1, a seguir, resume a comparação entre algumas propriedades de sabões e detergentes.

Quadro 3.1 – Características de sabões e gorduras

Propriedade	Sabão	Detergente
Matéria-prima	Fontes naturais (óleos e gorduras)	Fontes sintéticas (petróleo)
Em água dura	Ineficiente	Eficiente
Em meio ácido	Ineficiente	Eficiente
Ecológica	Biodegradável	Depende

3.4 Tensão superficial e remoção de sujeira

A principal função do agente de limpeza é reduzir a tensão superficial, que é a propriedade dos líquidos de resistir à ação externa; as forças coesivas entre as moléculas de um líquido são compartilhadas com todas as moléculas vizinhas. No entanto, na camada superficial, as moléculas não têm moléculas vizinhas acima e, portanto, exibem forças de atração mais fortes sobre seus vizinhos ao lado e abaixo da superfície. Quanto mais forte forem as forças coesivas, maior será a tensão superficial do líquido.

Não é difícil entender a grande tensão superficial da água. As forças de atração na água são fortes, em razão das ligações de hidrogênio. Para ocorrer a ligação de hidrogênio Y···H-X, este deve estar defasado de elétrons enquanto o átomo Y acumula uma carga negativa parcial, além de o átomo X estar mais eletronicamente negativo do que o hidrogênio. No caso da molécula de água, os átomos de oxigênio de duas moléculas distintas e vizinhas cumprem extraordinariamente bem o papel de X e, também, de Y. Essas ligações são responsáveis por criar uma rede fortemente ligada de moléculas de água na superfície.

Quando a limpeza está em pauta, a primeira molécula que vem à cabeça é H_2O, o solvente universal água. Ela é considerada um solvente universal pela sua capacidade de dissolver a maioria das substâncias. Ademais, é capaz de fazer dissolução de substâncias nos estados sólido, líquido e gasoso. Além das propriedades químicas, o uso da água é facilitado, pois é uma substância abundante no planeta e com muita disponibilidade nos domicílios.

A sujeira, de modo geral, é constituída por óleos ou gorduras acompanhados ou não de microrganismos ou outras substâncias apolares ou pouco polares, como pó, restos de alimentos etc. A despeito de a água ter as qualidades destacadas anteriormente, por si só, não consegue dissolver certas sujeiras, como os óleos. Essa incapacidade de limpar deve-se a dois fatores centrais: (1) os óleos são moléculas que têm, em sua estrutura química, uma cadeia carbônica grande e, por isso, têm fortes características apolares; e (2) há elevada tensão superficial da água, que dificulta a penetração dela na sujeira, e vice-versa.

Quando o detergente interage com a água, ele provoca a redução da tensão superficial desse líquido (Figura 3.9), ou seja, ele impede o estabelecimento das fortes ligações de hidrogênio entre as moléculas de água na superfície do meio. Assim, a ação da água na limpeza será facilitada, podendo molhar a sujeira.

Figura 3.9 – Ação do detergente na quebra da tensão superficial

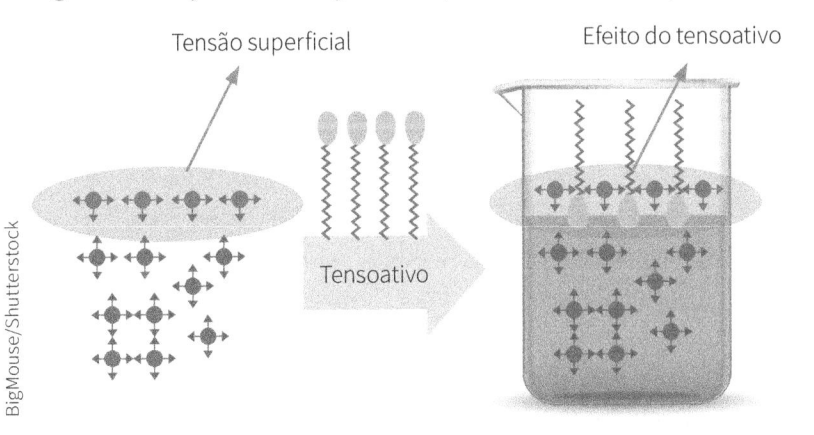

BigMouse/Shutterstock

A molécula detergente, por ter duas partes com diferentes afinidades, tende a estabelecer-se nas interfaces, com a molécula orientando a parte hidrofóbica voltada para o ar e a parte hidrofílica voltada para a fase aquosa. As moléculas detergentes claramente têm uma característica em comum: são anfipáticas, ou seja, contam com uma parte apolar e outra parte polar. Essa característica é fundamental para o sucesso na atuação da detergência da molécula. A molécula com ação detergente precisa interagir quimicamente com dois meios de polaridades completamente distintas simultaneamente. A molécula detergente interage com a água, molécula polar, e com a sujeira, molécula apolar. As moléculas detergentes são também denominadas *tensoativos*. Por meio dessa interação simultânea, ocorre a limpeza da superfície. Para interagir com os dois meios ao mesmo tempo, o tensoativo provoca uma mudança no meio reacional, permitindo a solubilização de espécies de baixa solubilidade.

As primeiras moléculas do tensoativo têm o efeito de quebrar a tensão superficial do líquido. Em baixas concentrações, as moléculas do tensoativo estão na forma de monômeros, interagindo com as moléculas superficiais do líquido. Contudo, a superfície do líquido não acomodará infinitas moléculas do tensoativo. Quando não podem mais fazer isso, elas são forçadas a ocupar o seio do líquido e, a partir de determinada concentração, denominada *concentração micelar crítica*, organizam-se espontaneamente, formando agregados moleculares de dimensões coloidais. A essa organização das moléculas do tensoativo dá-se o nome de *micelas*, que são estruturas mais estáveis que os tensoativos livres em solução.

A formação de micelas é explicada pela necessidade de equilibrar a energia do sistema, reduzindo a interação eletrostática da presença de longas cadeias carbônicas hidrofóbicas em um solvente polar, a água. Desse modo, nas micelas, as cadeias hidrofóbicas encontram-se orientadas para o interior, ficando os grupos hidrofílicos direcionados para as moléculas de água (Figura 3.10). No geral, as micelas são esféricas, mas podem também ser encontradas em forma de disco, cilíndricas, elipsoidais etc.

Figura 3.10 – Micela em meio aquoso

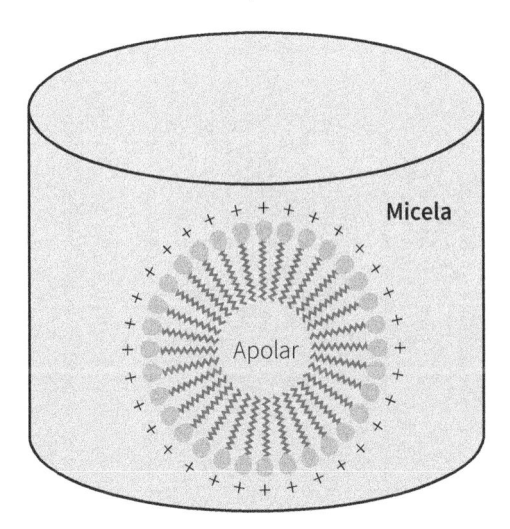

Para a remoção da sujeira, a formação da micela é fundamental para a solubilização, ou incorporação, das moléculas de sujeira nas próprias micelas. Essa capacidade de solubilização é, justamente, a ação detergente desejada no processo de limpeza. Graças à formação das micelas, os sabões e os detergentes dispersam a sujeira na água. A sujeira apolar será incorporada no centro da micela, parte hidrofóbica, e a sujeira polar será incorporada na superfície da micela, parte hidrofílica (Figura 3.11).

Figura 3.11 – Processo de remoção de sujeira facilitado por um tensoativo

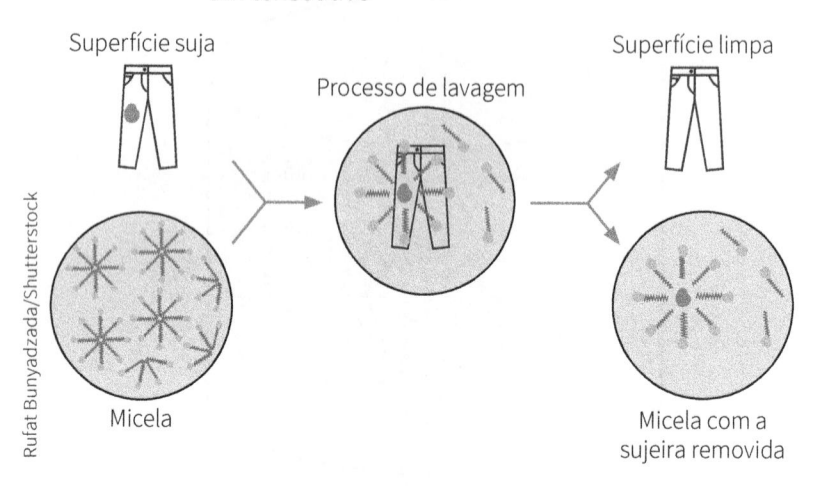

Superfície suja

Processo de lavagem

Superfície limpa

Micela

Micela com a sujeira removida

Rufat Bunyadzada/Shutterstock

Assim, a micela é capaz de interagir com os mais diversos tipos de sujeiras, conferindo ao detergente uma ação desejada de limpeza.

3.5 Tensoativos

Os tensoativos, ou surfactantes, são moléculas que apresentam como característica primária o comportamento anfifílico, isto é, a capacidade de interagir tanto com substâncias polares quanto com substâncias apolares. Outrossim, podem agir como conciliadores entre meios sem afinidade, pela alteração da tensão superficial de cada líquido. São constituintes de diversos produtos comerciais, tendo como função principal possibilitar homogeneidade entre fases com características diferentes, mas também podem ser utilizados como emulsificantes, agentes molhantes ou de suspensão, dispersão de fases e lubrificantes.

Os tensoativos são empregados na produção de agroquímicos, tintas, alimentos, remédios, óleos lubrificantes, entre outros.

Os tensoativos podem ser classificados de acordo com a natureza da parte hidrofóbica da molécula – a cadeia carbônica. Os tensoativos **aniônicos** têm a cadeia carbônica da molécula com carga líquida eletrostática negativa, ou seja, são um ânion. Os sabões claramente se enquadram nessa classe de tensoativos, pois seu princípio ativo é o radical carboxílico do ácido graxo. A Figura 3.12 apresenta algumas moléculas que são tensoativos aniônicos comerciais. Todavia, esses não são os únicos representantes, visto que os alquilbenzenosulfonatos e os alquilsulfatos são os principais princípios ativos dos detergentes. Os tensoativos aniônicos constituem a maior parte dos produtos disponíveis no mercado mundial, e, no Brasil, o dodecilbenzenossulfonato de sódio é o mais utilizado.

Figura 3.12 – Tensoativos aniônicos

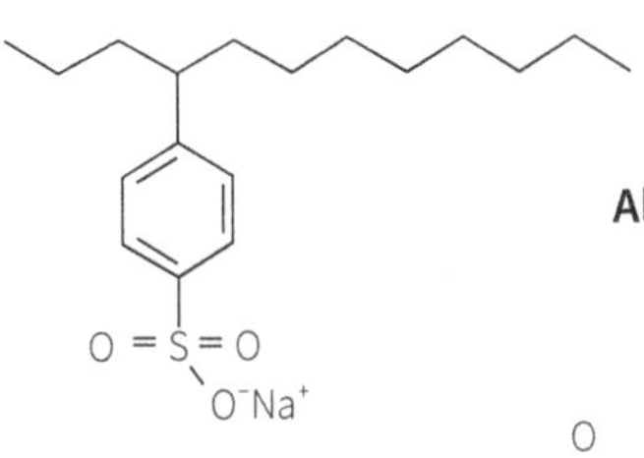

Alquilbenzenosulfonatos de sódio

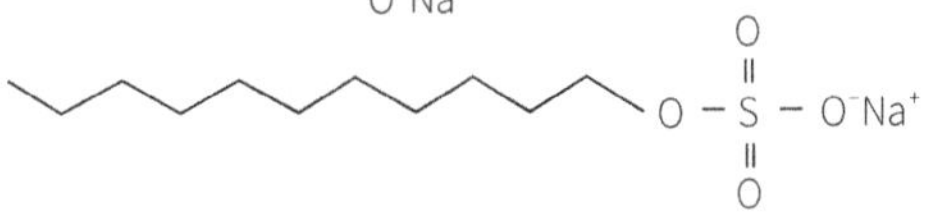

Alquilsulfatos de sódio

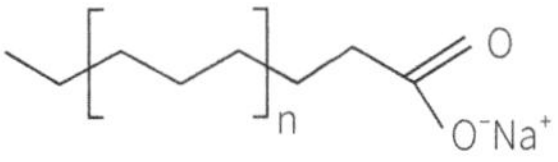

Sal sódico de ácido graxo

Por sua vez, os tensoativos **catiônicos** têm como princípio ativo um íon positivo formado pela cadeia carbônica. Nessa classe estão os sais quaternários de amônio. Eles não contam com alto poder detergente, mas compensam essa deficiência com uma grande capacidade de aderir a superfícies sólidas. Os sais quaternários de amônio, por exemplo, o brometo de cetrimônio, têm amplo espectro de ação contra bactérias Gram-positivas e negativas, na forma vegetativa e leveduras, agindo não só na limpeza, mas também na desinfecção das superfícies. O cloreto de benzalcônio foi o primeiro tensoativo catiônico a servir de detergente e é considerado um quaternário de amônio de primeira geração (Figura 3.13). Atualmente, os mais utilizados são os quaternários de amônio de quinta geração, uma mistura de quaternários, que aliam ação germicida, baixa formação de espuma e alta tolerância às cargas de proteínas e água dura, além de baixa toxicidade.

Figura 3.13 – Estruturas químicas de quaternários de amônio

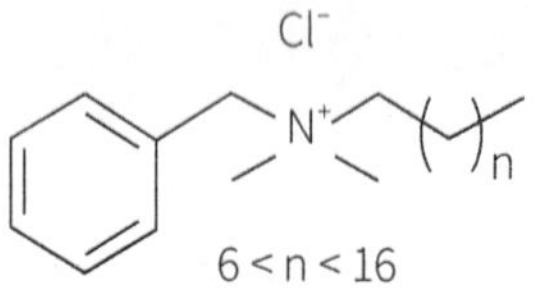

$6 < n < 16$

Cloreto de n-alquil-dimetilbenzilamônio
Cloreto de benzalcônio (CBZ)

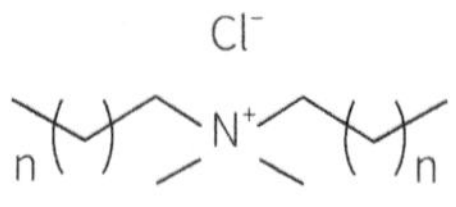

$n = 8$

Cloreto de didecil-dimetilamônio
(CDDA)

Quando a cadeia orgânica do detergente tem tanto uma parte positiva quanto uma parte negativa, o tensoativo é **anfótero**. Nesse caso, o pH do meio determinará qual é a parte que atuará como agente de limpeza. A cocoamidopropil betaína é uma molécula anfótera com poder detergente (Figura 3.14). Ela é geralmente aproveitada como tensoativo secundário, contribuindo também para a capacidade espumante e de espessamento, sendo muito utilizada quando se deseja reduzir a irritação na pele provocada pelo produto; isso a torna adequada para ser inserida em formulações dermatológicas.

Figura 3.14 – Estrutura química de betaína

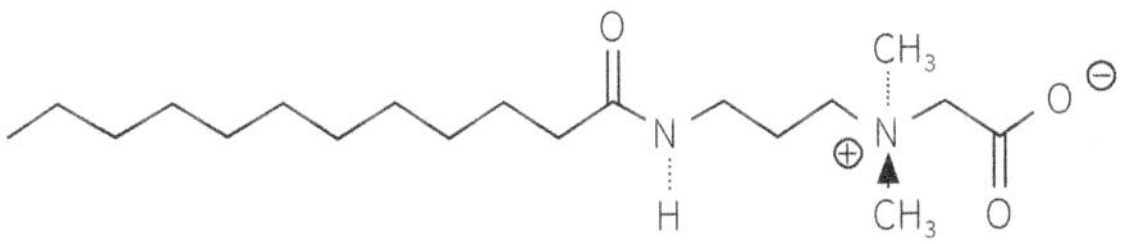

Cocoamidopropilbetaína

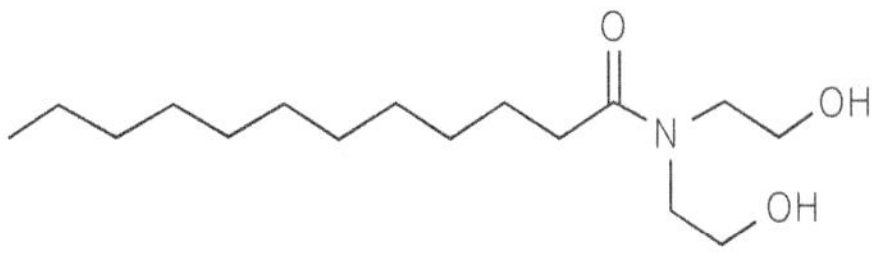

Dietanolamida de ácido graxo de coco

Os tensoativos **não iônicos** são aqueles cuja molécula com ação detergente não tem, em sua estrutura química, regiões com cargas elétricas verdadeiras. A ausência de carga propicia a vantagem de essas moléculas poderem atuar com a mesma eficiência em uma ampla faixa de pH. Eles também podem ser utilizados em água com elevada dureza. Existe uma considerável variedade de moléculas que são tensoativos não iônicos. O nonilfenol etoxilado (Figura 3.15) é o princípio ativo mais conhecido da classe, embora seu uso tenha sido banido na Europa e nos Estados Unidos, por ser de difícil degradação no meio ambiente. No Brasil, seu uso não é proibido ou restringido, estando ele presente em produtos voltados para limpeza industrial.

Muitos tensoativos dessa classe são obtidos pela reação de álcoois graxos com óxido de eteno (Figura 3.15). Diferentes proporções desses reagentes produzem tensoativos com diferentes graus de hidrofilicidade, melhorando a solubilidade em água e o poder espumante. Nesses tensoativos, a parte lipofílica provém do álcool graxo, e a parte hidrofílica, do óxido de eteno.

Figura 3.15 – Síntese do nonilfenoletoxilado

Nonilfenol   Óxido de eteno   Nonilfenol etoxilado

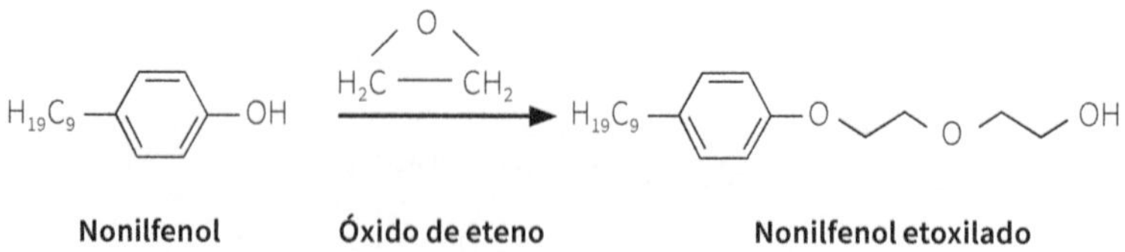

Quando dois detergentes trabalham juntos, a ação detergente pode ser superior à soma das ações tensoativas individuais – em outras palavras, eles podem ter uma ação sinérgica. A indústria de detergentes explora esse fato para propor combinações adequadas de tensoativos que favoreçam características desejáveis, como potencialidade da ação detergente, redução da produção de espuma etc. Para auxiliar na escolha entre os mais diversos tipos de tensoativos sintéticos existentes, é possível determinar o equilíbrio hidrófilo-lipófilo (a sigla em português é EHL e, em inglês, é HLB). Os tensoativos propiciam a estabilidade em emulsões água/óleo por meio da quebra da tensão superficial dos líquidos envolvidos na mistura, gerando uma película interfacial entre os meios. O balanço entre as duas porções moleculares com características opostas dessas substâncias é dado pelo equilíbrio hidrófilo-lipófilo. Um sistema para classificação dos tensoativos utiliza o EHL, considerando, para cada tensoativo, a solubilidade deles em solventes polares e apolares. Uma escala numérica de 1 a 20 é criada para descrever a natureza de cada tensoativo. Quanto maior a característica hidrofílica do tensoativo, maior será o valor de EHL. Tensoativos com baixos valores de EHL tendem a formar emulsões água/óleo, ao passo que altos valores de EHL formam emulsões óleo/água. Os valores de EHL podem ser consultados na literatura.

Síntese

Abordamos, neste capítulo, o processo de produção de sabões e de detergentes. Para entender a química do sabão e dos detergentes, é fundamental considerar que a principal função dos produtos de limpeza é promover o contato entre a água e as sujidades. Para cumprir essa finalidade, o sabão e os detergentes são moléculas que agem como tensoativos, reduzindo a repulsão química natural entre a água e os óleos ou as gorduras. Uma longa cadeia carbônica apolar é a principal característica em comum entre sabões e detergentes. A parte polar difere para sabões e detergentes: ao passo que, no primeiro, é sempre um grupo carboxilato, no último a parte polar é versátil, não estando restrita a um único grupo. Com o propósito de interagir com a água e com a sujeira ao mesmo tempo, o tensoativo provoca uma mudança no meio reacional, permitindo a solubilização de espécies de baixa solubilidade – as sujeiras. O tensoativo organiza-se e forma a micela, que é fundamental, pois atua na solubilização ou na incorporação das moléculas de sujeira, acarretando a remoção dela.

Atividades de autoavaliação

1. Sobre a função química do sabão, é correto afirmar:
   a) Tem cabeça iônica capaz de interagir com a água e a sujeira, facilitando sua remoção.
   b) Apresenta cadeia apolar que interage com a sujeira (óleo) e a remove.
   c) Tem cadeia apolar capaz de interagir com a água e com a sujeira.
   d) A molécula do sabão dissolve a sujeira.
   e) No processo de limpeza, a parte apolar do sabão interage com o óleo, e a parte polar, com a água.

2. Sobre os detergentes, é **incorreto** afirmar:
   a) O sabão pode ser classificado como um tipo de detergente.
   b) Precisam interagir quimicamente com dois meios de polaridades completamente distintas simultaneamente.
   c) Por serem biodegradáveis, não possuem anéis aromáticos em sua estrutura.
   d) Podem ser utilizados em água dura.
   e) Eles utilizam derivados de petróleo como matéria-prima, um combustível não renovável.

3. Sobre a função surfactante dos detergentes, é correto afirmar:
   a) A parte hidrofílica do detergente fica na superfície da água, e a parte hidrofóbica fica dentro da solução.
   b) A parte hidrofílica do detergente fica no ar acima da solução, e a parte hidrofóbica fica na superfície da solução.
   c) A parte hidrofílica do detergente fica na superfície da água, e a parte hidrofóbica fica no ar acima da solução.
   d) A parte hidrofílica do detergente fica na superfície da água, e a parte hidrofóbica fica no interior da solução.
   e) As partes hidrofílicas e hidrofóbicas do detergente ficam no interior da solução.

4. Sobre os tensoativos, é **incorreto** afirmar:
   a) Podem interagir tanto com substâncias polares quanto com substâncias apolares.
   b) Os aniônicos têm a cadeia carbônica da molécula com carga líquida eletrostática negativa.
   c) Os sais quaternários de amônio também têm ação contra bactérias.
   d) Todos os tensoativos são iônicos.
   e) Podem agir como conciliador entre meios sem afinidade, pela alteração da tensão superficial de cada líquido.

5. Sobre a biodegradabilidade dos sabões e detergentes, é correto afirmar:
   a) Para ser biodegradável, o alquilsulfato deve ter uma cadeia ramificada.
   b) Os sabões são sempre biodegradáveis.

c) Se o detergente é biodegradável, ele tende a acumular-se em rios e lagos.
d) A biodegradabilidade do detergente está relacionada à maior quantidade de tripolifosfato de sódio.
e) A presença de anéis aromáticos é um indicativo da não biodegradabilidade do detergente.

Atividades de aprendizagem

Questões para reflexão

1. Qual é a relação entre a dureza da água e a escolha entre sabão ou detergente?
2. Como o sabão limpa? Explique esse processo em detalhes.

Atividade aplicada: prática

1. Encontre pessoas de sua comunidade que produzam sabão caseiro. Faça um fichamento de todos os insumos por elas utilizados nas respectivas "receitas". Com os conhecimentos adquiridos neste capítulo, sugira algum aperfeiçoamento, caso necessário, para que essas receitas produzam um sabão de melhor qualidade.

Capítulo 4

Siderurgia e obtenção do aço

O aço é um dos materiais de grande importância para a sociedade, de tal modo que é comumente aceito que o início da era industrial moderna surgiu com os avanços no processo de fabricação desse recurso, que é resistente, versátil e infinitamente reciclável. Dados da WorldSteel Association e do Instituto Aço Brasil apontam que, em 2019, a produção mundial de aço atingiu aproximadamente 1,8 milhão de toneladas. A China é a maior produtora, seguida por Índia e Japão. O Brasil ocupa a nona posição no *ranking* de produção mundial e tem 31 empresas na área, com capacidade de produção instalada de 51 milhões de toneladas/ano de aço bruto, tendo produzido em 2020 um total de 31,4 milhões de toneladas. O setor de construção e de infraestrutura consome 52% da produção mundial, e esse material é utilizado para fabricação de diversos produtos, tais como automóveis e outros meios de transportes, equipamentos industriais elétricos e mecânicos (Instituto Aço Brasil, 2021; Ibram, 2022; World Steel Association, 2022).

Curiosidade

Henry Bessemer é tido como um dos maiores responsáveis pelo desenvolvimento de um processo de produção em massa para obtenção do aço. Anteriormente, o aço era muito valorizado por sua resistência, embora fosse obtido por processos lentos e com alto custo de fabricação. O processo de Bessemer foi proposto em meados de 1850, sendo considerado o marco inicial da Era do Aço, que substituiu a Era do Ferro.

O aço pode ser considerado um ferro mais forte, pois ele é fabricado a partir desse minério. Para obtê-lo, uma pequena quantidade de carbono é adicionada ao ferro. Já o aço inoxidável tem cromo adicionado ao ferro para formar uma liga altamente resistente à corrosão. O aço é incrivelmente versátil e aceita alterações em sua composição que podem criar uma nova liga adequada para um trabalho específico em uma variedade de situações.

As indústrias siderúrgicas podem ser divididas em dois principais tipos, quando são consideradas as rotas tecnológicas adotadas para a produção de aço: (1) usinas integradas; e (2) usinas semi-integradas. Nas primeiras, o ferro é minerado, processado e transformado em aço em uma única unidade industrial; já nas segundas, não há o processo de mineração, e o ferro é adquirido das indústrias guseiras ou de sucatas.

Quando são analisados todos os processos necessários para produção do aço, o impacto ambiental é avaliado como grande, englobando mineração, elevado consumo de energia e de água, além de emissão de gases tóxicos. Assim, as indústrias do aço vêm introduzindo inovações ambientais para tornar o processo de produção desse material mais sustentável, reduzindo emissões e o consumo energético, e para controlar os efluentes gerados.

4.1 Matérias-primas e seu preparo

As duas principais matérias-primas para produção do aço são o ferro e o carbono. Esses materiais são geralmente obtidos por mineração. O minério de ferro é encontrado na natureza na forma de rochas e misturado a outros elementos. Industrialmente, os óxidos ferrosos são utilizados como matéria-prima para a obtenção de ferro, pois neles a concentração deste é economicamente viável.

No Brasil, a extração de minério de ferro ocorre em minas a céu aberto, sendo transportado para tratamento com britagem, peneiramento, lavagem, classificação, concentração e pelotização. O país tem cerca de 13% das reservas mundiais de minério de ferro, e elas apresentam teor de ferro acima da média global (51%). As rochas encontradas em Carajás, por exemplo, são formadas por 67% de teor de minério de ferro, o mais alto do planeta. As principais regiões produtoras de minério de ferro no Brasil são o Quadrilátero Ferrífero de Minas Gerais, a Província Mineral de Carajás, no Pará, e a região de Corumbá (Urucum), no Mato Grosso do Sul. Destacam-se ainda, em Minas Gerais, os depósitos de ferro da região de Nova Aurora (Porteirinha) e da região de Conceição do Mato Dentro (Carvalho et al., 2014).

Segundo o Instituto Brasileiro de Mineração, em 2020, a produção de minério de ferro correspondeu a 66% de toda a produção mineral do Brasil. Cerca de 99% do minério produzido é dedicado à fabricação de aço e de ferro fundido. Para ser utilizado na produção de aço, o minério de ferro deve ser beneficiado, e os dados da produção podem ser relatados em termos de minério bruto, minério utilizável ou minério contido. O minério bruto é obtido diretamente da lavra, sem sofrer qualquer tipo de beneficiamento. Os produtos gerados após os processos de beneficiamento, geralmente com teor de ferro entre 58% a 65%, representam a produção de minério utilizável. O minério contido é a quantidade de metal existente na reserva ou nas produções bruta e beneficiada. Para produção do aço, o Fe_2O_3 tem de ser reduzido para Fe, e, para isso, utiliza-se, como agente redutor, o carbono, pois esse material, nas condições operacionais da indústria do aço, apresenta uma maior afinidade pelo oxigênio do que o ferro (Luz; Lins, 2010; Ibram, 2022).

Há diversas fontes naturais para o fornecimento do carbono necessário para fabricação do aço. O carvão mineral, combustível fóssil natural, é a principal delas. Ele é explorado como fonte de energia e de carbono para a transformação do minério de ferro no alto-forno. No Brasil, a produção de aço, em sua origem, seguiu um caminho diferente e utilizou, inicialmente, carvão vegetal – obtido pela queima da madeira –, em substituição ao carvão mineral. Essa substituição foi efetivada pela inexistência de uma estrutura viária que levasse o carvão mineral, importado, dos portos para as siderúrgicas, além da grande capacidade brasileira de produção de carvão vegetal. Atualmente, a estrutura viária não é mais um fator impeditivo, e o preço do agente redutor é que condiciona a escolha do uso de carvão mineral ou carvão vegetal.

Para uso siderúrgico, o carvão mineral é transformado em coque, através de aquecimento até 1.000 °C em atmosfera livre de oxigênio (livre de ar atmosférico), com o intuito de reduzir a matéria inorgânica e o teor de enxofre. A decomposição térmica dá origem ao coque, ao gás de coqueria, ao alcatrão e a outros produtos químicos. O carvão mineral pode ser classificado em: coqueificável e não coqueificável. São coqueificáveis os carvões que, quando aquecidos, sob ausência de ar, apresentam propriedades específicas, tais como: amolecimento, inchamento, aglomeração e, finalmente, solidificação na forma de um sólido poroso e rico em carbono, de alta resistência mecânica, ou seja, o coque. Somente 15% das reservas mundiais de carvão têm as propriedades requeridas para a coqueificação.

O carvão vegetal, atualmente, é mais utilizado para produção do ferro-gusa pelos guseiros do que nas indústrias de produção de aço, mesmo naquelas com sistema integrado de produção. No Brasil, há ainda os produtores independentes de ferro-gusa, que utilizam, majoritariamente, fornos à base de carvão vegetal. O uso de carvão vegetal pelos guseiros lhes possibilita processar fontes de ferro e de carbono não necessariamente adequadas aos grandes altos-fornos (hematitinha e carvão vegetal). A grande vantagem do uso de carvão vegetal é a chance de se utilizar material lenhoso oriundo de abertura de fronteiras agrícolas, de resíduos de florestas de celulose e de plantios, o que acarreta menores emissões de CO_2 e a possibilidade de crédito de carbono. Assim, a produção de aço com carvão vegetal em substituição ao coque é considerada um importante meio para a redução de emissões de gases poluentes no setor siderúrgico.

4.2 Minério de ferro

Minério de ferro são rochas e minerais que podem ser aquecidos na presença de um redutor para extrair o ferro metálico. Eles são a matéria-prima básica da siderurgia. Os maiores produtores mundiais de minério de ferro são a Austrália e o Brasil, os quais, respectivamente, produziram 900 e 400 milhões de toneladas dele em 2020.

A ocorrência mineral de rochas ferrosas no Brasil é do tipo formações ferríferas bandadas (*banded iron formation* – BIF). Elas são caracterizadas pela repetição de bandas ricas em óxido de ferro (hematita, magnetita e algumas variedades de carbonatos e silicatos) com cor que varia de cinza a preta, as quais se alternam com bandas pobres em óxido de ferro, geralmente de cor vermelha ou branca, dependendo da composição, que pode ser de quartzo, chert ou carbonato.

No Brasil, as principais regiões produtoras de minério de ferro – o Quadrilátero Ferrífero, a Província Mineral de Carajás e a região de Corumbá – contêm depósitos em rochas constituintes de BIF, chamadas, no país, de *itabirito*. Itabiritos são formações ferríferas metamórficas e fortemente oxidadas que apresentam descontinuamente corpos de minério de alto teor, de morfologia mais ou menos lenticular e de dimensões variáveis – desde alguns decímetros até centenas de metros. No Quadrilátero Ferrífero, são lavrados corpos de minério de ferro de alto teor, com teores históricos de 64% de ferro, além de itabirito enriquecido com teores entre 30% e 60% de ferro. O ferro é encontrado principalmente como hematita, magnetita ou martita (Luz; Lins, 2010; Assunção, 2010; Carvalho et al., 2014).

Outra formação do tipo BIF importante no país é o jaspilito, que é uma variedade do itabirito. Ele caracteriza-se por apresentar microbandamento e mesobandamento formado por alternância de jaspe e óxidos de ferro e algum carbonato. O jaspilito, por conta do teor de ferro muito inferior, quando comparado ao minério friável e ao minério compacto, e pela maior dureza, ainda é classificado como estéril nas minas do complexo Carajás, apesar da existência de uma gigantesca quantidade desse material ao longo de toda a formação Carajás. As regiões mineráveis em Carajás foram enriquecidas pelos processos supergênicos e apresentam teores de 66% de ferro, embora esse processo de enriquecimento tenha ocasionado perda de massa de jaspilito.

Entre os minérios de ferro, apenas os óxidos são explorados economicamente, embora também existam carbonatos, sulfetos e silicatos. A composição química em função do composto químico é descrita na tabela a seguir.

Tabela 4.1 – Composição química dos minérios de ferro

Mineral	Fórmula química	Conteúdo teórico de ferro [%]
Magnetita	Fe_3O_4	72,4
Hematita	Fe_2O_3	69,9
Goethita	$Fe_2O_3 \cdot H_2O$	62,9
Ilmenita	$FeTiO_3$	36,8
Siderita	$FeCO_3$	48,2
Pirita	FeS_2	46,5

Fonte: Carvalho et al., 2014, p. 198.

Em termos metalúrgicos, a lavra dos minérios de ferro pode produzir fragmentos de granulometria distinta. Os muitos finos são inadequados ao uso direto nos reatores de redução (alto-forno e módulo de redução direta), sendo necessária uma etapa de aglomeração em plantas de sinterização ou pelotização. A classificação de acordo com a granulometria ocorre em granulado (ou *lump*), com granulometria entre 6,3 mm a 31,7 mm; fino para sinterização (*sinter feed*), com granulometria entre 0,15 mm a 6,3 mm; e fino para pelotização (*pellet feed*), com granulometria abaixo de 0,15 mm.

A quantidade de minério **granulado** obtida por meio do processo de lavra é fundamental para a economia do processo. É desejado que esse teor de granulado seja alto, com granulometria superior a 20 μm. Nesses casos, o minério lavrado passa apenas pelas etapas de britagem e de peneiramento, reduzindo os gastos financeiros da planta.

Por outro lado, quando o minério obtido é rico em *sinter feed* e *pellet feed*, é preciso que sejam incorporadas ao processo metalúrgico etapas de **aglomeração**, que conferem ao minério um formato adequado e resistência mecânica apropriada ao processo siderúrgico. Além disso, as operações iniciais da planta de produção de ferro envolvem operações de concentração – separação seletiva de minerais – que se baseiam nas diferenças de propriedades entre os compostos de ferro e os minerais de ganga, que são a parte não aproveitável do minério de ferro.

Os minérios de ferro, em razão da formação geológica, têm propriedades completamente distintas e, portanto, um comportamento variado na operação de lavra e beneficiamento. Contudo, as rotas de **beneficiamento** invariavelmente apresentam operações de britagem, de lavagem e de peneiramento, com o intuito de produzir granulados, em geral de 25 mm (*lump*) e 6 mm (hematitinha). Ademais, o beneficiamento tem a função de separar e concentrar os minerais desejados da ganga, que é o rejeito do minério para o qual não há interesse econômico, sendo classificado como rejeito e disposto em barragens.

A **pelotização** é o processo efetuado pelas mineradoras para transformar os finos com granulometria inferior a 0,15 mm em pelotas com granulometria entre 8 mm e 18 mm. As pelotas são esferas formadas por laminação de concentrados úmidos e finos de minérios de ferro de diferentes composições mineralógicas e químicas, com adição de fundentes (calcário ou dolomita) e de ligante (bentonita), em tambor horizontal ou em disco inclinado. As pelotas são endurecidas por uma etapa de queima (1.300 °C), produzindo esferas com alto teor de ferro e qualidade uniforme, embora tenham características e desempenho particulares e variados, dependendo do tipo de *pellet feed*, dos fundentes, do grau de moagem e de outros fatores controladores para sua fabricação. Apesar de a etapa de pelotização comumente ser feita fora dos complexos siderúrgicos, em algumas usinas, ela faz parte da planta siderúrgica.

A **sinterização** geralmente é o processo efetuado dentro das usinas siderúrgicas, pois ele fragmenta-se facilmente e não resiste ao manuseio e ao transporte. É o processo de aglomeração mais econômico e amplamente praticado para preparar finos de minério de ferro para uso em alto-forno. O sínter de minério de ferro de baixa temperatura (< 1.300 °C) é um aglomerado de partículas não fundidas e de partículas nucleadas parcialmente fundidas em uma matriz de fase ligante produzida a partir do aquecimento de minérios de ferro (*sinter feed* mais os finos recuperados no processo), juntamente aos finos do coque (combustível) e aos materiais fundentes (calcário, sílica, dolomita, alumina etc.).

A granulação e a densificação térmica são duas etapas importantes na sinterização de minério de ferro e determinam a qualidade do sínter resultante e o desempenho do processo de sinterização. O produto resultante é um aglomerado poroso.

O conteúdo de ferro nos depósitos de minério já não é de alto teor, e, cada vez mais, haverá a tendência de processar o minério de ferro de baixo teor. Para isso, será preciso implementar os processos de aglomeração.

4.3 Processo siderúrgico

A fabricação do aço é feita geralmente em duas etapas:
(1) obtenção do chamado *ferro-gusa* nos altos-fornos; e
(2) conversão do ferro-gusa em aço nas chamadas *aciarias*.

Reiteramos que, nas usinas integradas, o alto-forno faz parte da planta, e, nas usinas semi-integradas, o ferro é adquirido das indústrias guseiras ou de sucatas.

O alto-forno é um reator metalúrgico empregado na produção de ferro-gusa com temperaturas próximas de 2.000 °C, a partir da redução do minério de ferro, a qual ocorre utilizando-se coque como material redutor. Essa etapa é denominada *redução*.

O ferro-gusa pode ser definido como uma liga de ferro-carbono com alto teor de carbono (4% a 6%) e teores variáveis de silício, manganês, fósforo e enxofre, dependendo das matérias-primas e do processo de produção.

Figura 4.1 – Alto-forno

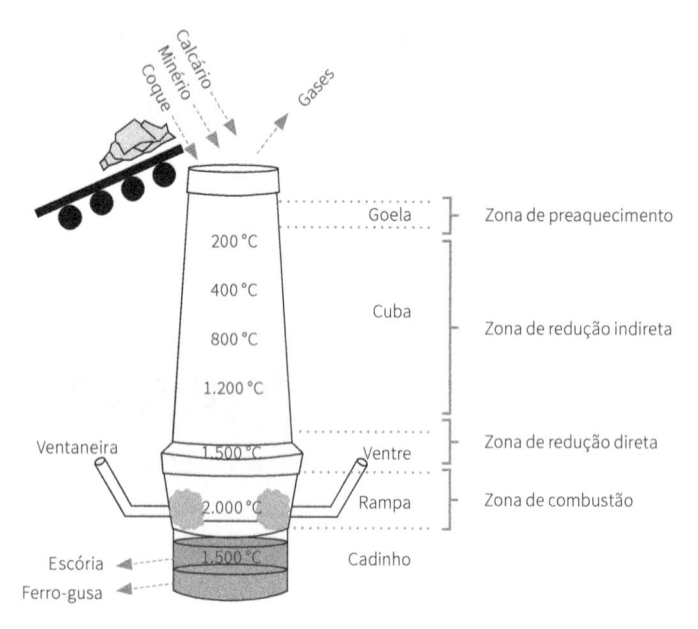

O gás que tem a função de atuar como redutor dos íons metálicos presentes no minério e transformá-los em metal livre entra no processo na parte baixa do alto-forno pelas ventaneiras. Esse gás sobe o alto-forno, provocando fusão da carga metálica ao longo do forno, sendo expelido pelo topo deste. Pelas ventaneiras, é injetado ar atmosférico aquecido (O_2/1.200 °C) no alto-forno, diretamente em uma região com coque, para formar monóxido de carbono. O ar quente soprado promove a combustão do coque, formando o gás monóxido de carbono e uma grande quantidade de calor. A função do coque não é só reduzir o minério por sua capacidade extraordinária de ligar-se ao oxigênio dos minérios, mas também fornecer calor para que ocorram as reações de redução. O coque é a matéria-prima mais importante na composição da carga de um alto-forno. Nessa parte do processo, o coque atua como um redutor indireto, visto que gera o CO que agirá como principal agente redutor. As reações de obtenção do ferro metálico através da redução dos minérios de ferro com o gás CO acontecem na região de temperatura intermediária do forno e são expressas a seguir.

Reações de redução indireta do minério

Equação 4.1

$$C_{(s)} + O_{2(g)} \rightarrow CO_{2(g)}$$

Equação 4.2

$$CO_{2(g)} + C_{(g)} \rightleftharpoons 2CO_{(g)}$$

Equação 4.3

$$3Fe_2O_{3(s)} + CO_{(g)} \rightarrow 2Fe_3O_{4(s)} + CO_{2(g)}$$

Equação 4.4

$$Fe_3O_{4(s)} + CO_{(g)} \rightarrow 3FeO_{(s)} + CO_{2(g)}$$

Equação 4.5

$$FeO_{(s)} + CO_{(g)} \rightarrow Fe_{(s)} + CO_{2(g)}$$

A reação de formação do monóxido de carbono a partir do coque acontece com a formação de um intermediário, o CO_2. Na verdade, existe um equilíbrio dependente da temperatura que governa a existência de CO ou de CO_2, chamado de *reação de Boudouard*. Em altas temperaturas, o equilíbrio é deslocado quase exclusivamente em favor do monóxido de carbono. O gás necessita fluir pelo interior do forno para promover a redução do ferro no minério; portanto, a permeabilidade das camadas carregadas no forno definirá a ocorrência das reações químicas e, por conseguinte, a eficiência do processo. A permeabilidade da camada de coque é maior que a da camada da carga metálica. Depois, o minério é carregado pela goela, na parte superior do alto-forno. Enquanto vai descendo no alto-forno, ele vai reagindo com o gás e sendo reduzido ao metal fundido. O minério também pode reagir diretamente com o carbono do coque nas regiões de mais altas temperaturas do forno. As reações que expressam a redução do minério diretamente pelo carbono são expressas no boxe a seguir.

Reações de redução direta do minério

Equação 4.6

$$3Fe_2O_{3(s)} + C_{(s)} \rightarrow 2Fe_3O_{4(s)} + CO_{(g)}$$

Equação 4.7

$$Fe_3O_{4(s)} + C_{(g)} \rightarrow 3FeO_{(s)} + CO_{(g)}$$

Equação 4.8

$$FeO_{(s)} + C_{(g)} \rightarrow Fe_{(s)} + CO_{(g)}$$

Assim, em temperaturas suficientemente altas, o carbono pode participar diretamente na redução do ferro (redução direta); já em temperaturas mais baixas, a redução ocorre indiretamente, com a ajuda do gás monóxido de carbono formado durante a combustão (redução indireta). Por qualquer um dos meios, o óxido de ferro é reduzido a ferro, que, pelas altas temperaturas na base do forno, funde e permanece no estado líquido até ser vasado do forno.

Importante!

O abastecimento do alto-forno segue um procedimento particular relacionado ao projeto dessa ferramenta. A carga consiste na mistura dos minérios de ferro (aglomerados + sínter + pelotas) e um fundente. O fundente auxiliará na separação do minério da ganga. A alimentação de carga e do coque no topo do alto-forno é feita em camadas e é chamada de *carregamento*.

Depois de atravessar todo o forno, o ferro encontra-se na forma líquida. Esse ferro pode reagir em pequenas quantidades com o carbono, formando a cementita, ou cementite, que é o carboneto de ferro, um composto químico de fórmula Fe_3C. Essa é a maneira pela qual o ferro-gusa retém carbono.

Além do ferro-gusa, no processo é gerada a escória na forma líquida, que é a parte da ganga que não é de interesse, reagida com os constituintes do fundente. Sua constituição inclui óxidos termodinamicamente estáveis, como o MgO, CaO, Al_2O_3 e SiO_2. O gusa escorre com a escória para o cadinho, na base do forno. O ferro-gusa e a escória são, então, vasados em intervalos regulares por um furo no forno, chamado *furo de corrida*, ou *furo-gusa*. O ferro-gusa e a escória têm densidades diferentes, facilitando a separação entre as distintas fases. Para transportar o gusa ainda líquido para as aciarias, são utilizados "carros torpedos".

O processo de produção do gusa leva em torno de 8 horas. A produção do alto-forno não é interrompida para alimentação com a carga ou o coque, bem como para retirada do ferro-gusa ou da escória: ela só é parada para troca do material refratário que constitui as paredes internas do alto-forno, operação feita, geralmente, em tempo superior a 10 anos. Esses materiais são compostos cerâmicos capazes de resistir às altas temperaturas e ao ambiente químico do interior do forno.

Para a produção do aço, o ferro-gusa ainda necessita passar pelo processo de refino. Embora haja duas rotas tecnológicas principais para esse fim, usinas integradas utilizando conversores básicos a oxigênio (aciaria LD) respondem pela maior da parte da produção mundial de aço, e, no Brasil, mais de 70% do aço é produzido por essa tecnologia. Esse processo foi utilizado primeiramente em aciarias austríacas de Linz e Donawitz, o que explica o nome pelo qual é conhecido.

O ferro-gusa tem um alto teor de carbono e quantidades relativamente altas de fósforo e enxofre, o que o torna quebradiço e inapropriado para forja ou solda. O enxofre é solúvel no ferro líquido, mas, no ferro sólido e no aço, sua presença leva à precipitação de sulfeto de ferro (FeS), produzindo uma fragilização local no processo de deformação à quente da estrutura do aço. Esse processo é denominado *hot shortness*. Com o fito de evitar esse problema, ao ferro-gusa líquido é adicionado manganês, para formar sulfeto de manganês (MnS), que é insolúvel e separável do ferro líquido. Uma prática muito comum nas aciarias é misturar ácidos com alto teor de manganês e altos teores de enxofre, induzindo a precipitação do MnS. O manganês pode até mesmo deslocar o enxofre ligado ao ferro no FeS, quando este ainda está fundido. Assim, o teor de enxofre livre é reduzido e inibe-se a formação do sulfeto de ferro.

O processo de descarbonificação do ferro-gusa produz o aço propriamente dito. Para isso, é utilizado um convertedor LD no qual oxigênio é adicionado ao gusa para promover a oxidação de diversos elementos, tais como o Si, Mn, P e, principalmente, para reduzir o teor de carbono para limite inferior a 2%. As reações que descrevem as oxidações produzidas estão representadas a seguir.

Oxidação na aciaria LD

Equação 4.9

$$C_{(l)} + O_{2(g)} \rightarrow 2CO_{(g)}$$

Equação 4.10

$$Si_{(l)} + O_{2(g)} \rightarrow SiO_{2(s)}$$

Equação 4.11

$$2Mn_{(l)} + O_{2(g)} \rightarrow 2MnO_{(s)}$$

Equação 4.12

$$2P_{(l)} + O_{2(g)} \rightarrow P_2O_{5(s)}$$

As reações, embora aconteçam entre a impureza que é oxidada e o oxigênio diretamente, podem ocorrer em dois passos. O primeiro é a oxidação do Fe com o O_2, produzindo FeO, e o segundo é a reação deste com a impureza, produzindo Fe livre e impureza oxidada, já que C, Si, Mn e P, nas condições reacionais industriais, têm mais afinidade pelo oxigênio do que o ferro. As reações de oxidação são exotérmicas e aumentam a temperatura no cadinho de 1.250 °C para 1.600 °C. A fim de reduzir os impactos desse aumento sobre o convertedor LD, ferro na forma de sucata é adicionado, e esse calor adicional é aproveitado para fundir essas peças sólidas. Nesse processo, um cadinho é carregado com ferro-gusa líquido. Há a possibilidade de adicionar sucata de ferro nessa etapa, com a finalidade de se controlar a qualidade do aço que será produzido, além de se absorver o calor excedente na oxidação das impurezas. Nesse caso, faz-se necessário adicionar cal para neutralizar o óxido de silício formado.

Depois de o carregamento estar completo, uma lança de oxigênio é introduzida no cadinho e o sopro do gás é iniciado. Após esse processo, os óxidos resultantes formam uma escória básica. O aço é vasado primeiramente e, logo após, a escória é retirada do cadinho e disposta adequadamente. O aço produzido nesse processo é denominado *aço bruto*. Ele foi comercializável por muito tempo; porém, o mercado, cada vez mais exigente e interessado em produtos de alta especificidade, exige aços mais puros e de maior qualidade. Assim, convencionou-se denominar a etapa ora descrita como *metalurgia primária*, e quaisquer outras operações de refino procedidas posteriormente são conhecidas como *metalurgia secundária*. Esta última pode abranger etapas de deoxidação, de desgaseificação sob vácuo e de refusão. Todas elas são implementadas para atender às especificações exigidas para cada tipo de aço. Em geral, após cada uma delas, um aço mais puro está sendo produzido.

O aço líquido resultante do processo de refino é solidificado em um produto semiacabado com formatos predefinidos. Atualmente, o processo mais utilizado é o de lingotamento contínuo, que consiste em fundir e conformar o produto final em uma única operação, o que dispensa esfriamento em moldes. Posteriormente, esse material é aquecido até que alcance um nível de maleabilidade para que a conformação plástica das peças de trabalho ocorra, no que é conhecido como *laminação a quente*. Por outro lado, na chamada *laminação a frio*, a operação é realizada à temperatura ambiente, com menor maleabilidade e plasticidade das peças de trabalho.

4.4 Ligas metálicas

As ligas metálicas estão presentes na sociedade há milhares de anos, e sua aplicação é tão importante que data de um período antigo da civilização, no quarto milênio a.C., designado como Idade do Bronze. Atualmente, perpassam praticamente todos os setores da indústria, em razão da versatilidade de suas propriedades, que são potencializadas em comparação ao uso da matéria-prima pura, expandindo, assim, suas possibilidades de aplicação. O processo de produção e as proporções dos elementos constituintes na matriz final estão diretamente relacionados com essa mudança de comportamento, podendo influenciar propriedades como resistência mecânica, corrosão, peso, brilho, maleabilidade, condutividades elétrica e térmica, temperatura de fusão, entre outras.

Existem diferentes formas de classificar as ligas metálicas, levando em consideração distintos critérios, como microestrutura, aplicação, processo de fabricação e composição química. A Figura 4.2 apresenta a classificação conforme a composição. Nela, podemos observar inicialmente a divisão em função da predominância de ferro. Quando ele é o principal constituinte da matriz, denomina-se *liga ferrosa*; caso seja outro elemento a predominar, chama-se *liga não ferrosa*.

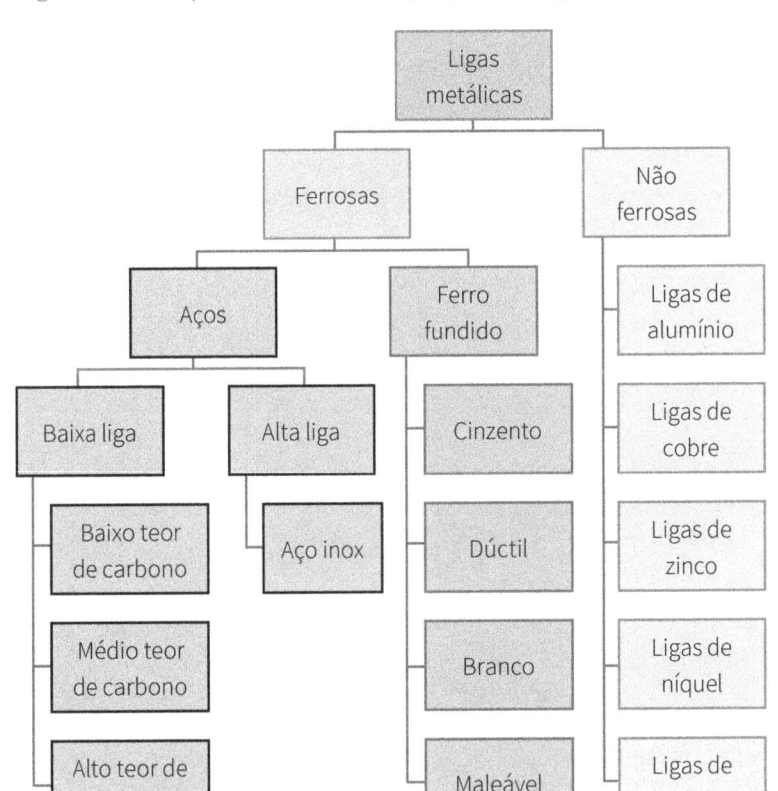

Figura 4.2 – Esquema de classificação para as ligas metálicas

```
                        Ligas
                       metálicas
                ┌──────────┴──────────┐
             Ferrosas             Não ferrosas
      ┌─────────┴─────────┐          │
     Aços            Ferro         Ligas de
                    fundido        alumínio
  ┌────┴────┐           │
Baixa     Alta        Cinzento     Ligas de
 liga     liga                      cobre

Baixo teor  Aço inox   Dúctil      Ligas de
de carbono                          zinco

Médio teor            Branco       Ligas de
de carbono                         níquel

Alto teor de          Maleável     Ligas de
 carbono                           titânio
```

A divisão, nas ligas ferrosas, considera o teor de carbono, e valores superiores a 2% são definidos como ferro fundido; abaixo desse valor, como aço. Na classificação de aço, podem variar a quantidade de carbono e a de liga, que se refere a outro elemento diferente do carbono que é inserido na composição. Nessa categoria, considerando-se as variações tanto de carbono quanto de liga, existe também a definição como aços-carbono e aços-liga. Os aços-carbono têm composição que varia em peso de carbono de 0,008%, situação de maior solubilidade do carbono na rede do ferro na temperatura ambiente, a 2,11%, valor correspondente à máxima quantidade de carbono que dissolve no ferro na temperatura de 1.148 °C. Para o entendimento adequado dessas ligas, é fundamental a análise do diagrama de fases correspondente.

O ferro na temperatura ambiente apresenta uma estrutura cristalina cúbica de corpo centrado conhecida como *ferrita*, ou *ferro α*. A Figura 4.3 detalha as transições de fases que acontecem com o aumento da temperatura.

Figura 4.3 – Efeito da temperatura na alotropia do ferro

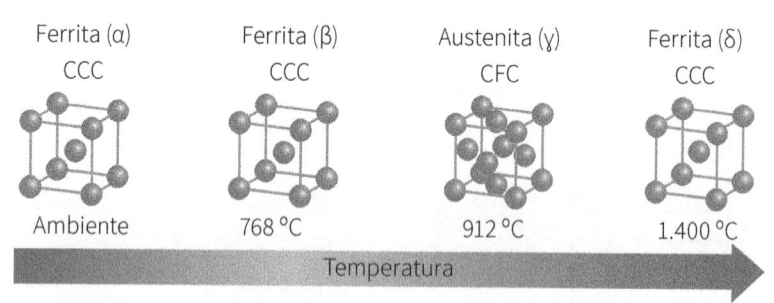

Ferrita (α)	Ferrita (β)	Austenita (γ)	Ferrita (δ)
CCC	CCC	CFC	CCC
Ambiente	768 °C	912 °C	1.400 °C

Temperatura

A mudança inicial, que ocorre a 768 °C, passando para ferro β, não é tão significativa na metalurgia, pois é o ponto que o ferro deixa de ter comportamento magnético (temperatura de Curie). A primeira transformação alotrópica ocorre a 912 °C, convertendo a estrutura para cúbica de face centrada (CFC) – conhecida como *austenita*, ou *ferro γ* –, mantendo-se estável até 1.400 °C, quando retorna para a estrutura CCC (denominada *ferro δ*), a qual funde na temperatura de 1.538 °C. É importante observar que, quando ocorre o resfriamento, essas transformações acontecerão na mesma sequência, mas no sentido reverso. A solubilidade do carbono ocorre em todas essas fases do ferro. Uma vez que o ferro tem o tamanho atômico muito inferior ao do carbono, ele entra na célula, produzindo soluções intersticiais. Contudo, a solubilidade é limitada a 2,11% e varia em função da fase de ferro e da temperatura. O diagrama de fases dessa composição é visualizado na Figura 4.4.

Figura 4.4 – Diagrama de fases do sistema ferro-carbono

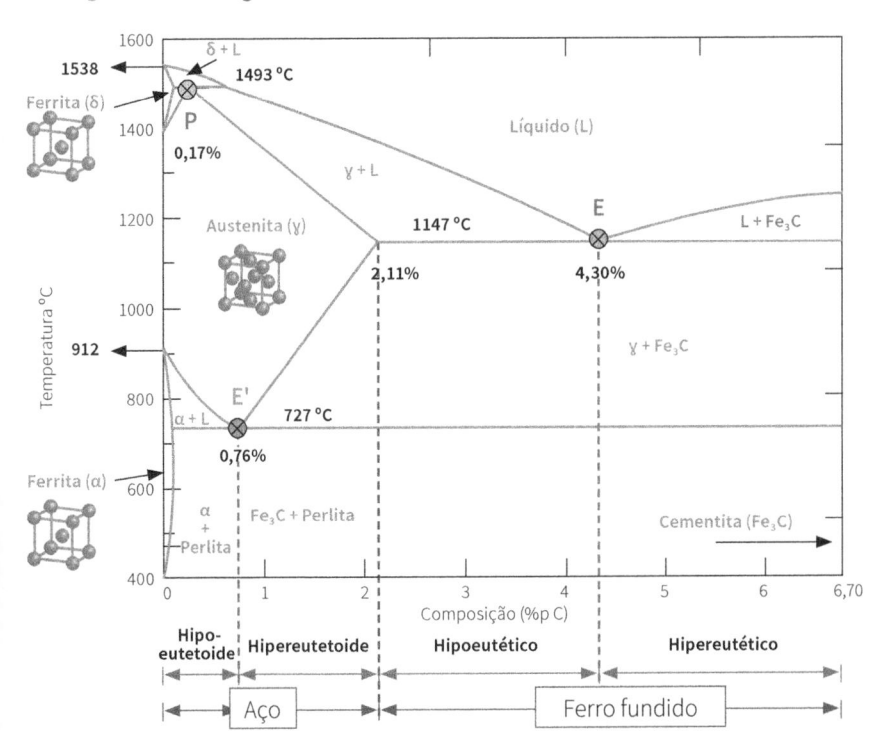

A abcissa representa a composição da solução sólida partindo de uma composição de 100% de ferro, com aumento crescente da quantidade de carbono quando deslocado à direita. Nesse diagrama em específico, a porcentagem máxima de carbono é de 6,70%, visto que, a partir dessa proporção, há a formação de carbeto de ferro (Fe_3C), também chamado de *cementita*. Podemos observar que a solubilidade máxima é encontrada na composição de 2,11% em peso de carbono a 1.147 °C. Nesse limite é que são definidos os aços; acima desse valor são classificados como ferro fundido, e a solução sólida começa a apresentar carbono isolado como grafite.

A solubilidade do carbono na ferrita (ferro α) é muito pequena: de 0,008% na temperatura ambiente, chegando ao máximo de 0,022% a 1.332 °C. Isso acontece em decorrência do menor raio do interstício (0,0361 nm) de uma célula CCC. Como o raio de um átomo de carbono tem um raio aparente de 0,0710 nm, todo átomo de carbono que preencher esse interstício vai gerar uma deformação, limitando a formação da solução sólida. Na fase austenita (ferro γ), a estrutura é CFC, que apresenta raios de interstícios maiores de 0,0522 nm, favorecendo uma maior dissolução e chegando aos 2,11%. Essa quantidade diferente de carbono na estrutura tem influência direta nas propriedades, sendo a ferrita mais macia e dúctil que a austenita. A ferrita (ferro δ) apresenta uma solubilidade maior de carbono que a ferrita (ferro α) de 0,10%, mesmo tendo a mesma estrutura CCC, que está relacionada à maior temperatura de 1.493 °C que ocorre na formação dessa primeira. As maiores quantidades de carbono são encontradas na cementita, a uma proporção atômica de 3:1 de ferro para carbono no seu retículo cristalino, o que resulta em materiais extremamente duros, porém frágeis.

Outras regiões que merecem destaque nesse diagrama são os pontos P, E' e E. No ponto P (0,17%p C a 1.493 °C), ocorre uma transformação peritética, na qual a mistura da fase líquida com a ferrita (δ) sólida no resfriamento é convertida em austenita no estado sólido. Já no ponto E' (0,76%p C a 727 °C), a transformação é eutetoide, com a austenita sólida transformando-se no resfriamento em uma mistura de 88% de ferrita e 12% de cementita, composição denominada *perlita*.

A perlita é uma mistura de fases com propriedades intermediárias entre a ferrita (mole e dúctil) e a cementita (dura e frágil) e resulta em boa ductibilidade e resistência mecânica. O ponto E (4,30%p C a 1.147°C) é definido como o ponto eutético e tem importância relevante na metalurgia, que indica a composição com menor ponto de fusão. Nesse ponto, o líquido é convertido, no resfriamento, em uma mistura de austenita e cementita. Em virtude da importância do ponto E' na formação da microestrutura dos aços e do ponto E para os ferros fundidos, utilizam-se regiões antes e após esses pontos com os prefixos *hipo* e *hiper*.

Os aços-carbono (< 2%p C) são mais encontrados por serem mais baratos. A adição intencional de elementos diferentes de carbono, chamados de *ligas*, aumenta seu custo, mas promove propriedades específicas diferentes. Essas ligas são solúveis na estrutura do ferro, formando soluções sólidas e proporcionando melhora nas propriedades mecânicas em altas e baixas temperaturas, por conta do aumento da temperabilidade; da elevação da resistência à corrosão e à oxidação; e da melhora na resistência à abrasão e à fadiga. Algumas possibilidades de alterações nas propriedades estão listadas na Tabela 4.2.

Tabela 4.2 – Propriedades características relacionadas à adição de determinado elemento químico (liga)

Elemento (Liga)	Teor	Propriedades destacadas
Cromo	5-14%	Resistência mecânica e à oxidação e dureza
Cobalto	5-12%	Resistência à tração e à corrosão e dureza
Manganês	12-14%	Resistência à abrasão
Molibdênio	1,5-20%	Resistência ao calor e dureza
Tungstênio	1,5-20%	Resistência ao calor e dureza
Vanádio	0,2-4,5%	Resistência ao calor e dureza

Fonte: Elaborada com base em Infomet, 2022.

Os aços com alto teor de liga, maior que 10%, podem ser classificados como aço inoxidável, refratário e ferramenta. Os primeiros se caracterizam pela alta resistência à corrosão em altas e baixas temperaturas, o que se deve à alta quantidade de cromo, que pode variar de 12% a 25%. O cromo, na presença de oxigênio, forma uma fina camada de óxido (Cr_2O_3) na superfície do aço, protegendo-o da corrosão. Podemos classificar os aços inoxidáveis como:

- **Martensíticos**: contêm, em sua composição, carbono (0,10% a 1,20%), cromo (12,2% a 17,5%), algumas categorias com níquel (0,75% a 1,8%) e outros elementos em pequenas quantidades. São magnetizáveis, além de apresentarem boa resistência à corrosão. Sua utilização mais frequente é em brocas, turbinas, cutelaria, instrumentos cirúrgicos, válvulas etc.
- **Ferríticos**: têm, em sua composição, basicamente carbono (0,08% a 0,20%) e cromo (13,0% a 20,5%). Além disso, são magnetizáveis e de usinagem fácil e resistentes à corrosão em alta temperatura. Podem ser utilizados na produção de parafusos e de porcas, em resistências elétricas, caldeiras, revestimentos etc.
- **Austeníticos**: contêm cromo (17% a 25%), níquel (8,3% a 20%), baixos teores de carbono (0,03% a 0,25%) e algumas composições com molibdênio (2,5%). Não são magnéticos, têm boa resistência à corrosão e são fáceis de soldar. O aço 304 é muito utilizado nas indústrias químicas, nas de papel e, principalmente, nas de alimento.

Por sua vez, os aços refratários são resistentes ao calor e podem ser utilizados de modo contínuo ou intermitente em situação de alta temperatura, sem que isso afete suas propriedades mecânicas. São muito utilizados na indústria petroquímica, e sua composição envolve combinações de Cr-Mo, Cr-Ni-Mo e Cr-Mo-V.

Por fim, os aços das ferramentas têm elevados teores de carbono (0,60% a 1,40%) e elementos de ligas como Cr, V, W e Mo, induzindo a materiais bastante duros. São empregados como ferramentas de corte, matrizes para modelação, serras, molas, pistões, martelos, engrenagens, entre outras coisas.

4.5 Reciclagem do ferro

O processo de reciclagem do aço está em consonância com as práticas mundiais para solucionar a alta concentração de CO_2 no planeta e, consequentemente, o aquecimento global. O aço é o material mais reciclável e reciclado do mundo, pois pode ser continuamente reciclado sem perda de qualidade. Estima-se que 630 milhões de toneladas de sucata de aço sejam recicladas anualmente (Instituto Aço Brasil, 2022). Diversos produtos, como carros, latas, vigas, barras e arames, tornam-se sucatas que podem alimentar os fornos das usinas, produzindo novamente aço.

De maneira geral, reaproveitar o aço (ou o ferro) é um processo conhecido e realizado desde a Antiguidade; os guerreiros romanos enviavam as armas e as armaduras danificadas para que os ferreiros reutilizassem na confecção de novos objetos. Atualmente, nas usinas siderúrgicas, a sucata pode ser classificada em função da origem, conforme segue:

- **sucata doméstica, ou *home scrap*:** é produzida na própria usina durante o processo de fabricação do aço; tem composição química conhecida.
- **sucata industrial, ou *industrial scrap*:** é gerada pelas sobras e aparas dos segmentos transformadores do aço, como as montadoras de automóveis; sua composição química é conhecida.
- **sucata obsoleta, ou *obsolete scrap*:** relacionada aos produtos de aço que atingiram o final de sua vida útil; sua composição química é variada.

As sucatas do tipo doméstico e industrial são facilmente tratadas para uso adequado na siderurgia. Contudo, as sucatas obsoletas necessitam de uma maior atenção para estarem apropriadas ao processo siderúrgico. Os automóveis são um exemplo de produtos complexos para descarte: um veículo moderno que deva ser descartado (por exemplo, por motivo de colisão) apresenta pelo menos 10 mil peças e aproximadamente 40 materiais distintos que podem ser recicláveis – muitos dos quais são polímeros e componentes eletrônicos. Além disso, a presença de alguns elementos é totalmente indesejada no aço, como o enxofre, constituinte de borrachas.

Em geral, o processo de reciclagem do aço começa com a classificação e a separação da sucata, as quais têm início com uma etapa visual. A partir daí, muitos são os processos para preparar a sucata, que envolvem etapas de corte com maçarico, enfardamento, cisalhamento, separação magnética, prensagem e retalhamento. Os processos que serão utilizados dependerão do tipo de sucata e do poder econômico da empresa que faz a reciclagem, visto que alguns requerem equipamentos de alto valor.

No que diz respeito à comparação entre produzir aço a partir das sucatas ou dos minérios, a grande vantagem das sucatas é que nelas o ferro já se encontra reduzido. Dessa maneira, eliminam-se as etapas que respondem pelo maior gasto energético em uma usina siderúrgica, ou seja, as etapas de preparo das matérias-primas e de redução das usinas integradas.

Embora a sucata possa ser utilizada na etapa de refino nas usinas integradas, é nas usinas semi-integradas que ela é mais utilizada. Nestas, não há o alto-forno, e a matéria-prima – carga metálica, seja o gusa sólido, seja a sucata de aço – deve ser fundida para preparo da liga de aço nas especificações desejadas. Uma vez que a carga metálica já contém o ferro na forma reduzida, é utilizado um forno elétrico a arco (FEA) para obter o ferro fundido, em vez de se utilizar um alto-forno a coque para reduzir o minério e obter o ferro fundido. A função do FEA é fundir a carga metálica, e, para isso, o sistema é composto por um cadinho refratário com tampa (panela), na qual estão acoplados um ou mais eletrodos de grafite. Ao se passar a corrente elétrica pelos eletrodos, um arco elétrico é formado entre o material carregado e o eletrodo, gerando um calor que pode elevar a temperatura a cerca de 3.000 °C, o que funde a carga metálica. A altura dos eletrodos é ajustável, por isso é possível aproximá-los da carga metálica ainda não fundida. Após a fusão, a composição química é ajustada no processo de metalurgia secundária. A figura a seguir exemplifica, de maneira simplificada, um FEA.

Figura 4.5 – Forno elétrico a arco

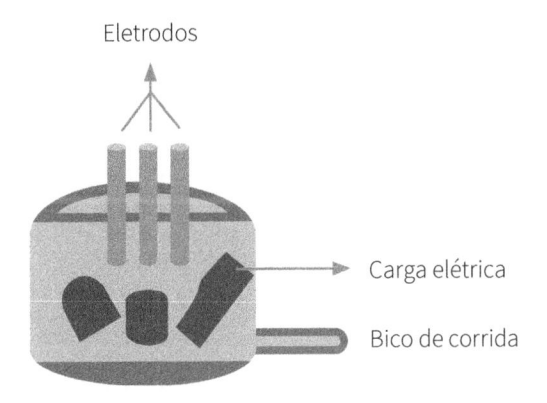

[Figura: Forno elétrico a arco com Eletrodos, Carga elétrica e Bico de corrida]

Os processos subsequentes a essa etapa na produção do aço são os mesmos executados no convertedor LD.

De maneira geral, o uso do FEA traz: (a) economia de minério de ferro, pois não há a necessidade de retirá-lo da natureza para uso; (b) diminuição do uso de carvão mineral ou carvão vegetal, porque o ferro já se encontra reduzido na carga metálica; (c) redução das emissões de CO_2, visto que a quantidade de gases do efeito estufa no processo é menor; e (4) redução do consumo de energia elétrica. A figura a seguir ilustra o processo seguido pelo aço, desde o minério até o produto final acabado, considerando a etapa de reciclagem.

Figura 4.6 – Processo geral de produção do aço

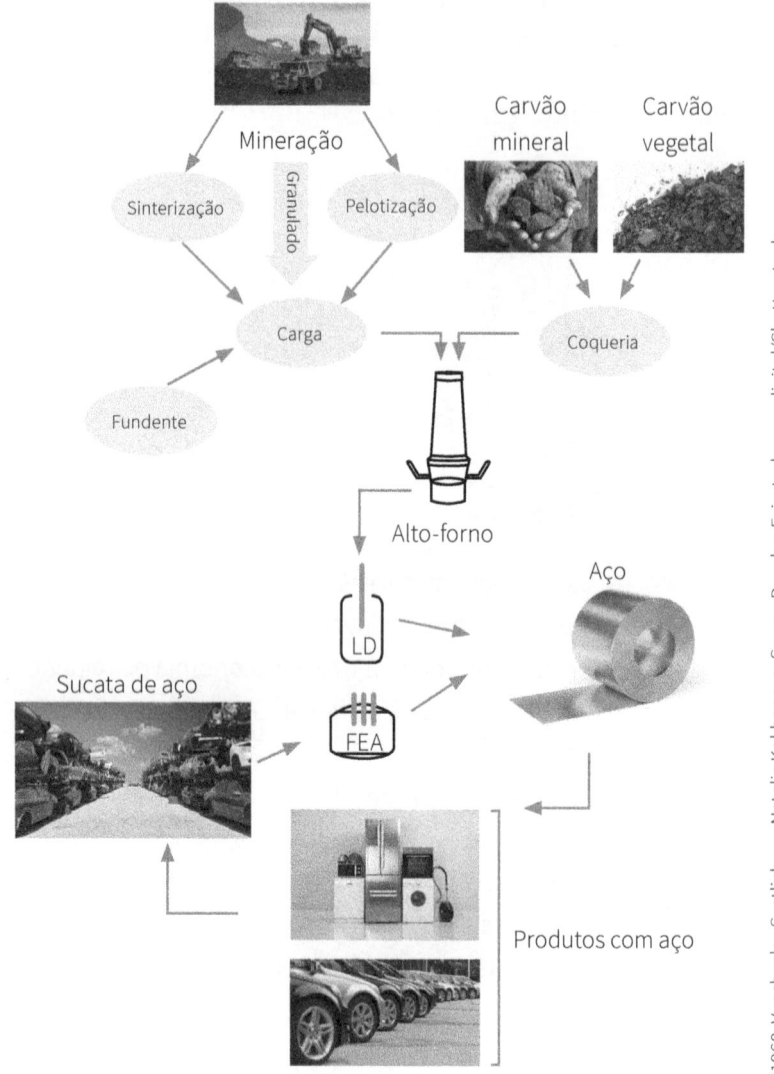

Síntese

Neste capítulo, discutimos a química do processo industrial de produção do aço. A composição química do aço é basicamente ferro e carbono. O aço pode ser produzido em uma única planta a partir do minério de ferro e da fonte de carbono (usinas integradas) ou pode ser produzido utilizando-se o ferro-gusa e sucatas como matéria-prima (usinas semi-integradas). O alto-forno é uma peça-chave do processo de produção do ferro, pois, nessa etapa, o minério de ferro e o carbono são aquecidos a temperaturas próximas a 2.000 °C em um ambiente rico em oxigênio, com a finalidade de reduzir a ferro o óxido de ferro. A produção do aço é feita em forno aciaria, pela inserção de gás oxigênio no ferro-gusa, para eliminar impurezas e reduzir o teor de carbono para limites inferiores a 2%.

Atividades de autoavaliação

1. Quanto ao minério de ferro, é correto afirmar:
   a) A ocorrência mineral de rochas ferrosas no Brasil é do tipo formações ferríferas bandadas.
   b) No Quadrilátero Ferrífero, o jaspilito é o mineral de valor econômico processado na siderúrgica.
   c) A lavra do minério de ferro produz material com granulometria homogênea.

d) Os minérios de ferro de interesse econômico são os óxidos e os carbonatos.

e) No Brasil, apenas a região conhecida como Quadrilátero Ferrífero é explorável economicamente para produção de ferro.

2. Assinale a alternativa **incorreta**:
   a) A etapa de aglomeração é fundamental para o processamento de ferro.
   b) A pelotização produz esferas duras e porosas, obtidas pela laminação dos finos umedecidos.
   c) Para a formação do aglomerado denominado sínter, é necessário adicionar um agente redutor.
   d) A etapa de sinterização está presente em toda planta de produção de ferro-gusa.
   e) O beneficiamento do minério de ferro tem a função de separar e concentrar os minerais desejados da ganga.

3. Sobre o processo de produção de ferro-gusa no alto-forno, é **incorreto** afirmar:
   a) O coque pode ser produzido a partir do carvão vegetal ou do carvão mineral.
   b) A alimentação do alto-forno é feita em camadas alternadas de carga e de coque.
   c) A redução do ferro é feita tanto pelo gás monóxido de carbono quanto pelo carbono no estado sólido.
   d) O ferro reduzido é denominado *ferro-gusa* e não tem carbono em sua composição.
   e) O fundente auxiliará na separação do minério da ganga.

4. A respeito da etapa de aciaria LD, é correto afirmar:
   a) O oxigênio tem a função de produzir um aço inox.
   b) Esse processo não é capaz de reduzir o carbono em teor desejável.
   c) Nesse processo, ocorre a descarbonificação do ferro.
   d) Nessa etapa, o carbono reage com o Fe, formando Fe_3C(cementita)
   e) Essa etapa é realizada à temperatura ambiente.

5. Sobre o forno elétrico a arco, é correto afirmar:
   a) Necessita de carbono como agente redutor.
   b) Pode utilizar sucata de ferro e aço como matérias-primas.
   c) Os eletrodos utilizados no FEA são de ferro.
   d) Os eletrodos são de carbono para que esse elemento reduza o ferro, gerando carbonato de ferro no meio.
   e) No FEA, é produzido o aço inox pronto para comercialização.

Atividades de aprendizagem
Questões para reflexão

1. Qual é o motivo da escolha pelo coque nas siderurgias?
2. Pense e discorra sobre a importância da solubilidade do elemento carbono nas ligas de ferro.
3. Como o uso de sucata reduz o impacto ambiental do processo de produção do aço?

Atividade aplicada: prática

1. Um experimento simples pode ser feito em sua casa. Deixe submersos, em um recipiente com água, um talher de metal e um prego comum. Após um dia, compare as diferenças visuais nas superfícies dos materiais. Com base nos conhecimentos obtidos no capítulo, discuta a importância das ligas metálicas no cotidiano.

Capítulo 5

Processo de fabricação de cimento

A construção civil é um dos mais importantes setores industriais do Brasil. Esse ramo está em constante evolução, ajudando a desenvolver o bem-estar da sociedade, sem ignorar a preservação do meio ambiente, por meio de obras nos segmentos de infraestrutura e edificações. A maioria dos projetos de construção envolve o uso de concreto, que é um material compósito produzido a partir de cimento, areia, aditivos e água. É utilizado nas mais diversas construções na sociedade moderna, tais como estradas, pontes, sistemas de abastecimento de água, tratamento de esgoto, escolas, hospitais etc. O princípio ativo para produção do concreto é o cimento. Esse material é uma das maiores invenções produzidas pela humanidade. De fato, o principal produto da construção civil é o cimento, que pode ser definido como um pó fino com propriedades ligantes o qual, na presença de água, forma uma pasta moldável que endurece gradativamente até atingir um estágio no qual não se decompõe mais, mesmo sob nova ação da água. O cimento é dito um material aglomerante, pois une outros materiais, e hidráulico, porque hidrata quando misturado com a água.

Embora o uso de uma liga com propriedades parecidas com o cimento já seja feito desde as civilizações antigas, foi em 1824 que o construtor inglês Joseph Aspdin produziu e patenteou um pó com as propriedades do cimento atual e deu a ele o nome de cimento Portland, por encontrar nele semelhanças com as das rochas da ilha britânica de Portland. O cimento Portland é popularmente conhecido como *cimento*.

O volume do consumo global de cimento deve chegar a 4,42 bilhões de toneladas em 2021. A China lidera o *ranking* dos países produtores de cimento, com aproximadamente

2.500 milhões de toneladas produzidas em 2020, seguida pela Índia e pelos Estados Unidos, que produziram, respectivamente, 280 e 83,3 milhões de toneladas de cimento em 2020. Nos últimos 10 anos, em resposta à crescente demanda do setor de construção, a indústria nacional duplicou a produção de cimento e ampliou em 50% a capacidade instalada, atingindo 72 milhões (produção de 2020) de toneladas. A capacidade de produção atingiu 100 milhões de toneladas/ano, fazendo com que o Brasil ocupe a sexta posição nesse *ranking* (SNIC, 2021).

Segundo o Sindicato Nacional da Indústria do Cimento (SNIC), em 2019 havia 100 fábricas de cimento no Brasil, distribuídas por todas as 5 regiões do país. O maior produtor nacional de cimento é o Grupo Votorantim, que contava até 2020 com 41 plantas instaladas. Esse grupo é a 10ª empresa entre as líderes em produção de cimento do mundo: 45 milhões de toneladas de cimento foram geradas por ele em 2020, embora tenha uma capacidade de produção instalada de 54 milhões de toneladas (SNIC, 2021).

Atualmente, o foco da construção civil está voltado não só para o crescimento global, mas também para a sustentabilidade do setor, que consome muitos recursos naturais e gera grandes quantidades de resíduos. Os impactos ambientais desse ramo da economia são grandes e iniciam-se na produção do cimento. Essa indústria é composta basicamente por duas operações principais: mineração das matérias-primas e produção do cimento. Nesses processos, vários são os problemas ambientais, como a extração mineral e a emissão de gases e de partículas poluentes. As cimenteiras são responsáveis por cerca de 5% da emissão global de dióxido de carbono (CO_2).

Muitas são as iniciativas para reduzir os impactos ambientais da indústria cimenteira, visto que o consumo do cimento continua sendo primordial para desenvolvimento da sociedade. As indústrias estão comprometidas em reduzir as emissões e outros impactos ambientais decorrentes do processo de fabricação de cimento. No Brasil, por exemplo, a indústria de cimento é considerada a mais sustentável do mundo, emitindo menos 30% de CO_2 que a média global.

5.1 Etapas de fabricação do cimento

As matérias-primas para a fabricação do cimento Portland são dióxido de silício, óxido de alumínio, óxido de cálcio e óxido férrico. Esses óxidos são responsáveis por 95% da composição química do clínquer e podem ser facilmente conseguidos por meio da mineração, pois são simples e de vasta ocorrência natural em diversos locais do mundo; por isso, é comum a existência de fábricas de cimento nos mais diversos países de todos os continentes.

O óxido de cálcio é o componente majoritário do cimento ($\cong$ 80%) e pode ser encontrado em alguns tipos de rochas calcárias, entre as quais, as mais utilizadas são o mármore, a marga ou a calcita. A composição básica dessas rochas é o carbonato de cálcio ($CaCO_3$). Um dos problemas na extração do cálcio é a presença do magnésio, cujo teor é limitado pelas normas nacionais e internacionais: a NBR 16697 (ABNT, 2018) fixa o limite máximo de 6,5% para o teor de óxido de magnésio nos cimentos comuns brasileiros.

Os minerais que servem como fonte para sílica e alumínio e, algumas vezes, para ferro são as argilas. Estas últimas são constituídas por partículas cristalinas pequenas e chamadas de *argilominerais*, sendo a caulinita ($Al_2O_3 \cdot 2SiO_2 \cdot 2H_2O$) a mais abundante e importante. Além dela, são comumente empregadas a pirofilita ($4SiO_2 \cdot Al_2O_3 \cdot H_2O$), o talco ($4SiO_2 \cdot 3MgO \cdot H_2O$) e a chamosita ($3SiO_2 \cdot Al_2O_3 \cdot 5FeO \cdot 4H_2O$).

Basicamente, o cimento é feito de calcário e argila. No entanto, esses componentes dificilmente são encontrados na proporção necessária em uma única rocha. Cada fábrica tem necessidade de correção diferente, em função das minas utilizadas para extração das matérias-primas. A fim de conseguir a composição desejada, recorre-se a uma mistura de várias rochas. Assim, o processo de mineração dessas duas matérias-primas é a primeira etapa para obtenção desses materiais. Na etapa seguinte, os blocos de rochas necessitam ter seus tamanhos reduzidos, para facilitar as reações químicas subsequentes. A britagem dos produtos da lavra é feita quando estes são resistentes e têm uma elevada granulometria. Para isso, britadores e moinhos promovem a fragmentação, a compressão, a abrasão, o impacto e o atrito entre o material, gerando um produto com granulometria propícia para sequência no processo.

A britagem é processada separadamente para cada componente e pode ser feita fora da planta da indústria de cimento. Se as minas das matérias-primas forem relativamente distantes da indústria cimenteira, transportar o material britado acarretará um maior volume de material em um menor espaço, reduzindo assim o custo do transporte.

Por sua vez, a etapa denominada *moagem da mistura crua* tem a função de produzir um material fino. A dosagem nessa etapa indica a necessidade de correções químicas essenciais à composição do cimento Portland pretendido, caso não tenham ainda sido obtidas apenas com a mistura das rochas utilizadas inicialmente. As matérias-primas são estocadas em silos, isoladamente, para armazenamento e homogeneização, visto que, por serem extraídas de depósitos minerais, a composição química normalmente varia consideravelmente em cada lavra executada. De maneira geral, a constante análise do teor dos componentes é comum em todo o processo de produção do cimento, porque garante a qualidade do produto.

Para a etapa seguinte no processo, balanças de alta precisão liberam a quantidade exata, calculada com base nas análises químicas, de cada uma das matérias-primas que produzirão o cimento de interesse, as quais são, então, encaminhadas para um moinho de rolos, para serem misturadas e moídas em conjunto. Depois de ser triturada, proporcionada e moída na granularidade apropriada, a mistura crua, agora denominada *farinha*, é armazenada em silos que alimentarão o forno de calcinação para formação de clínquer.

Figura 5.1 – Mineração e preparação dos componentes cimentícios

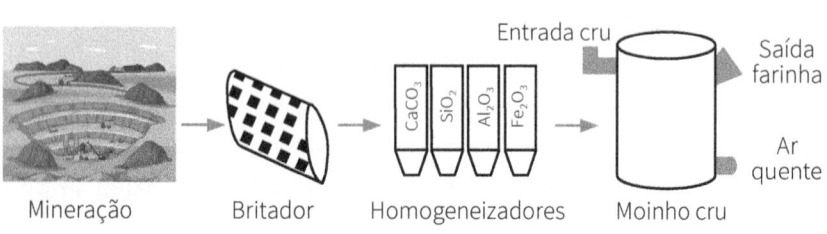

Curiosidade

Uma das vantagens desse processo de produção de cimento é o uso de rejeitos e/ou resíduos de outros processos industriais como matéria-prima para os elementos cuja concentração precisa ser ajustada. Pode-se empregar, por exemplo, areia contaminada, utilizada em decapagens, na correção da sílica.

No forno de calcinação, a farinha sofre uma série de reações químicas que levam à formação do clínquer, que será discutido em detalhes posteriormente. O cimento Portland é obtido, basicamente, pela moagem do clínquer com sulfato de cálcio.

Atualmente, os processos de produção de cimento incorporam materiais alternativos, já que o cimento resultante mantém as características do cimento produzido com clínquer puro, gerando ganhos com a redução da emissão de gases e da queima de combustíveis fósseis no processo.

Para o processo de moagem do clínquer e a produção do cimento, o clínquer, o sulfato de cálcio e os aditivos de interesse são dosados por meio de balanças de alta precisão, as quais garantem a composição desejada do produto. A mistura é moída até que o cimento fique com a finura ideal para ser comercializado. Como a água sempre começa a reagir com as espécies iônicas presentes na superfície do cimento, a finura das partículas de cimento desempenha um papel muito importante na hidratação desse recurso: quanto mais fino o cimento, mais reativo ele é.

5.2 Produção via seca

As fábricas de cimento contam com dois métodos diferentes para produção de cimento: (1) processo via seca (incluindo processo semisseco); e (2) processo via úmida (incluindo processo semiúmido). As etapas iniciais de mineração e de britagem são comuns aos dois métodos de produção de cimento; a grande diferença entre eles está na maneira como a moagem e, consequentemente, a homogeneização das matérias-primas são conduzidas.

No **processo via úmida**, há a adição de água para formação de uma pasta, denominada de *lama*, que facilita a homogeneização das matérias-primas na obtenção da composição final do cimento Portland. O teor de água da pasta é geralmente entre 32% e 36%. Esse processo tem como vantagem a simplicidade da operação, o baixo teor de poeira e o fácil transporte pela planta, já que a lama tem fluidez. Além disso, o consumo de energia da moagem de matéria-prima no processo úmido é reduzido em quase 30%. Por outro lado, a grande desvantagem desse processo, que faz com que ele seja pouco utilizado atualmente, é um alto gasto energético para evaporar toda a água da lama previamente à etapa de calcinação para obtenção do clínquer. Para isso, é inserida no forno calcinador uma zona adicional, provocando um aumento no tamanho do forno, às vezes até o inviabilizando.

Após a crise do petróleo vivida pelo mundo na década de 1970, o SNIC iniciou a implementação de medidas visando à redução do consumo de óleo combustível na indústria cimenteira, principal fonte energética dos fornos até então. Uma das principais medidas adotadas foi a modernização do parque industrial brasileiro, com a conversão do processo via úmida para o via seca em quase a sua totalidade. Com essa alteração, foi possível reduzir quase metade do consumo de combustíveis e, consequentemente, a emissão de CO_2. Atualmente, mais de 99% do parque industrial passou a operar com processo via seca.

O **processo via seca** é mais complexo; no entanto, é o preferível pela maioria das cimenteiras, por haver nele um uso mais eficiente da energia, acarretando um menor gasto energético global no processo. A umidade do cru nesse processo não ultrapassa 1%, e esse valor não é atingido espontaneamente, sendo necessário algum aquecimento para eliminar a água naturalmente presente no material. Para suprir essa demanda energética (calor para secar o cru), os gases de exaustão do forno calcinador são direcionados para a etapa de moagem e de homogeneização. Dessa forma, aproveita-se a energia térmica das reações de combustão no forno, por meio do uso dos gases que saem do calcinador a alta temperatura: 1.000 °C. Eles atuam secando a amostra enquanto ela é homogeneizada por meio da moagem. A farinha seca, moída e homogeneizada é armazenada em silos para, posteriormente, seguir no processo para produção do clínquer.

5.3 Formação do clínquer

Uma nomenclatura química simplificada é adotada para a área de cimento. O Quadro 5.1 apresenta os símbolos mais usuais.

Quadro 5.1 – Simbologia química simplificada

Composto químico	Símbolo
Al_2O_3	A
CaO	C
Fe_2O_3	F
H_2O	H
MgO	M
SO_3	$\hat{S}$

    As reações químicas envolvendo esses compostos que acontecem dentro do forno calcinador formam o clínquer, que é o material sinterizado e peletizado resultante da calcinação controlada da farinha.

    No que diz respeito à composição química do clínquer, o controle estequiométrico de cada componente das matérias-primas do processo de mineração até a formação da farinha, no processo de formação do clínquer, é feito por módulos químicos criados empiricamente, fundamentados no conhecimento adquirido durante a atividade de produção de cimento. A adoção desses módulos auxilia na garantia da qualidade do clínquer. Esses módulos são denominados *módulos de controle da mistura*, sendo os principais: o módulo de sílica (MS), o módulo de alumina (MA) e o fator de saturação de cal (FSC).

O primeiro deles, o **MS**, relaciona a concentração de S com as concentrações de A e F. A equação para determinação do valor matemático é:

Equação 5.1

$$MS = \frac{SiO_2}{Al_2O_3 + Fe_2O_3}$$

Esse módulo está ligado à quantidade de materiais fundentes e de materiais não fundentes, ou seja, a relação entre o conteúdo sólido e o conteúdo fundido. O módulo de sílica interfere na queima da farinha, na formação da colagem no refratário do forno, na granulometria do clínquer e na fase líquida. O aumento de MS eleva a demanda de calor para a quinquerização, isto é, torna necessário mais combustível. Um MS baixo aumenta a fase líquida e a formação de colagens, beneficiando a queima, tendo características otimizadas quando esse valor se encontra entre 2,3 e 2,7. No entanto, um valor muito baixo de MS provoca problemas com o revestimento refratário do forno.

O segundo dos módulos, o **MA**, está atrelado à relação entre A e F. A equação para cálculo desse módulo é:

Equação 5.2

$$MA = \frac{Al_2O_3}{Fe_2O_3}$$

Esses dois compostos químicos são os principais materiais fundentes na etapa de clinquerização. Se a relação entre eles é baixa, a fase líquida será caracterizada por uma menor viscosidade, o que influenciará diretamente a cinética das reações, ocasionando uma melhora na nodulização do clínquer. O valor de MA deve estar entre 1,3 e 2,7. Esse módulo está relacionado à temperatura na qual se inicia a formação da fase líquida, e um MA maior produz cimentos mais claros.

Por fim, o **FSC** está relacionado à quantidade do principal componente do cimento, o CaO, na farinha crua ou no clínquer, quanto aos outros principais óxidos. A equação para cálculo desse módulo é:

Equação 5.3

$$FSC = \frac{100(CaO)}{2,8(SiO_2) + 1,18(Al_2O_3) + 0,65(Fe_2O_3)}$$

O FSC de clínquer está na faixa de 92% a 98%. Um valor alto, com conteúdo de cal livre controlado, indica uma melhor qualidade do clínquer (alto C_3S), porém a clinquerização será mais difícil com um alto consumo de calor.

A composição química da farinha é ajustada para promover a formação do clínquer, que é composto basicamente de quatro minerais sintéticos. São esses compostos que reagem com a água para criar as ligações esperadas no concreto. Seguem algumas características desses minerais.

O primeiro desses minerais é o **silicato tricálcico**, $SiO_2 \cdot 3CaO$. Conforme a notação química simplificada, ele é denominado C_3S e é o principal dos constituintes do cimento, estando presente em concentração que varia de 50% a 70%. Ele é o maior responsável pelas propriedades de resistência do clínquer e reage rapidamente com a água. Na formação do clínquer, o C_3S incorpora alguns óxidos (M, A, F etc.) de modo minoritário, gerando maior resistência. Essa forma impura de C_3S é denominada *alita*.

O segundo é o **silicato dicálcico**, $SiO_2 \cdot 2CaO$. Pela notação química simplificada, ele é denominado C_2S, e sua forma impura é chamada de *belita*, com concentração que varia de 15% a 30% no cimento Portland. A reação do C_2S com a água é lenta, e esse componente do cimento contribui para a resistência ao longo do tempo do concreto.

O terceiro é o **aluminato tricálcico**, $3CaO \cdot Al_2O_3$. Levando em conta a notação química simplificada, ele é denominado C_3A. Sua concentração no cimento Portland varia de 5% a 10%, e ele reage rapidamente com a água e causa o endurecimento rápido do concreto. Para contornar essa característica, ocorre a moagem do clínquer com sulfato de cálcio (gesso), que age como um controlador do tempo de pega.

O último dos minerais com concentração relevante no cimento é o **ferroaluminato tetracálcico**, $4CaO \cdot Al_2O_3 \cdot Fe_2O_3$. De acordo com a notação química simplificada, ele é denominado C_4AF, e sua concentração no cimento Portland varia de 5% a 15%. Sua velocidade de reação com a água depende da relação A/F e da incorporação de outras impurezas.

O óxido de ferro e a alumina atuam como fundentes, tendo o Fe_2O_3 uma ação fundente mais forte. O equilíbrio ideal entre o C_3A e o C_4AF é meio a meio (aproximadamente 8% de cada). Fato importante é que C_3A e C_4AF formam uma fase intersticial na qual eles estão mais ou menos cristalizados, dependendo essencialmente da composição da farinha crua; da temperatura máxima na zona de queima; e de sua passagem pela zona de clinquerização.

Uma série de equações propostas por Bogue (1947), conhecidas como *equações de Bogue*, propõem uma maneira de determinar a composição potencial (teórica) de um cimento Portland em termos de C_3S, C_2S, C_3A e C_4AF. Essas equações são:

Equação 5.4

$C_3S = 4,07(CaO) - 7,60(SiO_2) - 6,72(Al_2O_3) - 1,43(Fe_2O_3) - 2,85(SO_3)$

Equação 5.5

$C_2S = 2,87(SiO_2) - 0,75(C_3S)$

Equação 5.6

$C_3A = 2,65(Al_2O_3) - 1,69(Fe_2O_3)$

Equação 5.7

$C_4AF = 3,04(Fe_2O_3)$

De maneira geral, as equações de Bogue não conseguem descrever completamente a composição mineral exata do clínquer. Além dos minerais considerados nas equações, existem possibilidades de substituição de íons nos minerais, como na alita e na belita. No entanto, quando comparadas às composições determinadas por métodos específicos, como difração de raios X, as composições de Bogue apresentam valores próximos.

A temperatura do forno é responsável pela formação desses minerais. O forno tem zonas de temperaturas distintas, em função da distância do queimador. Os ingredientes para produção do cimento, quando aquecidos em altas temperaturas, formam uma substância semelhante a uma rocha e, quando moída, gera um pó fino denominado *cimento*. Para a produção do clínquer, o forno mais eficiente comercialmente disponível hoje é o forno seco com um precalcinador e um preaquecedor de ciclone. Antes do uso de preaquecedores e precalcinador, toda eliminação de água e calcinação da matéria-prima ocorria dentro do forno, e, por conseguinte, os fornos eram bastante longos, sendo construídos com dois ou três suportes separados. Como resultado do reaproveitamento da energia térmica, os fornos ficaram menores e mais eficientes quanto à perda de calor e produção. Hoje, no Brasil, muitas indústrias já contam com fornos equipados com torres de preaquecedores (ciclones) de quatro a seis estágios e precalcinador. As etapas a serem seguidas nesse processo são: aquecimento, calcinação, clinquerização e resfriamento.

A farinha crua, aquecida e homogeneizada é direcionada do silo para a entrada da torre de ciclones. Os fluxos na torre apresentam-se em contracorrente, ou seja, a farinha desce a torre por gravidade, e os gases quentes provenientes do forno sobem a torre em decorrência da pressão negativa gerada por um ventilador de exaustão. Os gases entram na base da torre de ciclones a temperaturas acima dos 800 °C. Sistemas com 4 a 6 estágios de ciclones sobrepostos verticalmente e com alturas de 50 metros a 120 metros são os mais comuns. Em cada ciclone, as partículas se precipitam por meio da parte inferior, enquanto o ar quente parcialmente purificado sai pela parte superior, passando ao ciclone imediatamente acima onde ocorre o mesmo processo, até que, no último ciclone, no topo da torre, o gás é liberado a uma temperatura de 300 °C. Com isso, o cru é progressivamente aquecido até temperaturas próximas a 900 °C.

Enquanto a farinha crua desce a torre de ciclones, ocorre a transferência de calor do ar quente para o material. As temperaturas mais elevadas são suficientes para iniciar a reação de precalcinação do $CaCO_3$, que perde CO_2 e transforma-se em CaO. Essa temperatura não é alta o suficiente para transformar todo o calcário em cal, por isso é necessária a inserção do forno precalcinador, que é um maçarico secundário com função principal de descarbonatar o calcário, ou seja, converter todo o $CaCO_3$ em CaO. Nessa etapa, parte do combustível utilizado no processo é queimado, fazendo com que esse forno seja considerado uma espécie de câmara de combustão. Aproximadamente 60% do total de combustível utilizado no processo é queimado, garantindo energia para a completa descarbonatação do calcário. O ar quente produzido na etapa de resfriamento do clínquer, após o forno calcinador, auxilia na elevação da temperatura do forno precalcinador. O uso do precalcinador também favorece o uso de maiores quantidades de combustíveis alternativos ou resíduos.

O piroprocessamento da farinha é o coração do processo industrial de produção do cimento. Nesse processo, a farinha é inserida em fornos cilíndricos longos, denominados *fornos calcinadores*, que giram axialmente a uma taxa de 0,5 a 4 rotações por minuto. O eixo do forno é ligeiramente inclinado descendentemente, normalmente de 1 a 4 graus, permitindo que a farinha alimentada na extremidade superior do tubo mova-se pouco a pouco pelo forno, sendo processada de maneira adequada. Além disso, o interior do forno é revestido de material refratário, que garante o isolamento térmico, mantendo o calor ideal para as transformações químicas no processo de formação do cimento. O material refratário também age como proteção para a carcaça do forno, impedindo o aquecimento dela, embora a temperatura no interior seja alta. Existem pelo menos duas zonas, uma de calcinação, e uma de clinquerização, no início e no final do forno, respectivamente. À medida que a farinha crua se move em direção à zona de queima, sua temperatura aumenta progressivamente, até atingir cerca de 1.450 °C. A Figura 5.2 expressa a relação aproximada entre temperatura e formação dos minerais do clínquer.

Figura 5.2 – Formação dos compostos do clínquer em função da temperatura

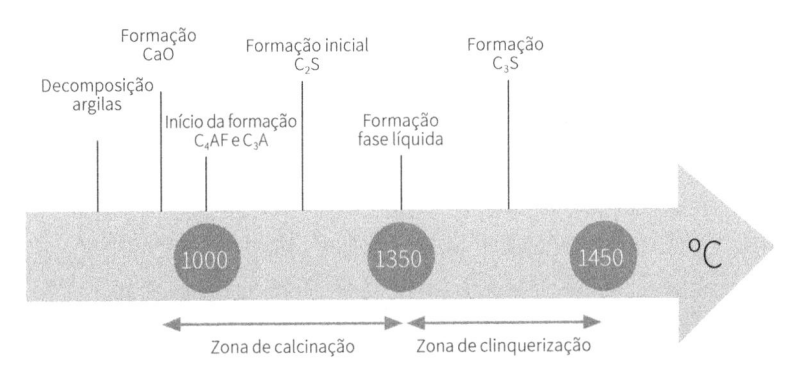

Decomposição argilas | Formação CaO | Início da formação C_4AF e C_3A | Formação inicial C_2S | Formação fase líquida | Formação C_3S

1000 — 1350 — 1450 — °C

Zona de calcinação — Zona de clinquerização

Durante o percurso, certos elementos e compostos são expelidos na forma de gases. Os demais elementos unem-se para formar uma substância chamada *clínquer*, que sai do forno como bolas cinzas em brasa, do tamanho de bolas de gude. O clínquer do cimento Portland é o resultado de reações químicas complexas que ocorrem a altas temperaturas, sendo sensíveis ao ambiente químico encontrado nestas. O processo é endotérmico, ou seja, requer calor para ocorrer. Para tanto, na saída do forno, é instalado um queimador, que, na queima do combustível, libera a energia térmica necessária para as reações químicas esperadas entre os componentes individuais da farinha. Nos anos 2000, o combustível que alimentava os queimadores mudou de óleo combustível para coque de petróleo importado. Atualmente, o coque de petróleo é a principal fonte, em razão do baixo preço e da garantia de abastecimento. Além dessa mudança, uma nova revolução energética começa a ganhar relevância, que é a dos combustíveis alternativos, caracterizados pelo coprocessamento de resíduos e pelo aproveitamento de biomassas.

Após o processo de queima, o clínquer é resfriado rapidamente, para impedir que as reações de transformações mineralógicas obtidas no interior do forno sejam revertidas durante um processo natural de resfriamento. A taxa de resfriamento interfere diretamente no estado de cristalização, impactando a qualidade final do clínquer. Por isso, modernos resfriadores de grelha equipam 80% dos fornos brasileiros. Nos resfriadores, o ar ambiente é direcionado para o clínquer saído do forno a alta temperatura e, depois, redirecionado para combustão no interior do forno. Esse procedimento facilita a queima do combustível no interior do aparelho, diminuindo o gasto energético no processo. Resfriadores modernos de grelhas têm produzido ar com temperatura entre 800 °C e 900 °C.

Figura 5.3 – Formação do clínquer

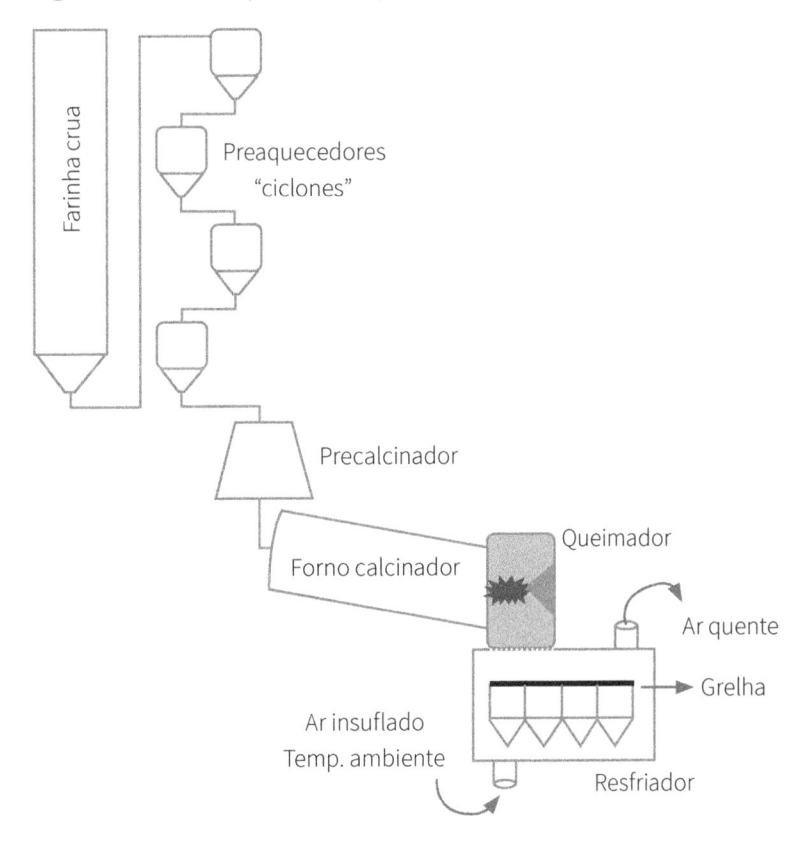

Farinha crua

Preaquecedores "ciclones"

Precalcinador

Forno calcinador

Queimador

Ar quente

Grelha

Ar insuflado
Temp. ambiente

Resfriador

5.4 Características do cimento

Existem mais de 20 tipos de cimento usados para fazer vários concretos especiais, porém o mais comum é o cimento Portland. No Brasil, a fabricação do cimento deve seguir a norma NBR 16697 (ABNT, 2018), implementada em 2018, a qual, entre outros aspectos, estabelece a composição química (Tabela 5.1) e os requisitos químicos do cimento (Tabela 5.2).

Tabela 5.1 – Normatização para composição química do cimento Portland no Brasil*

Designação do cimento	Sigla	Clínquer + sulfatos de cálcio	Escória de alto-forno	Material pozolânico	Material carbonático
Comum	CP I	95 – 100	0 – 5		
	CP I-S	90 – 94	0	0	6 – 10
Composto com escória de alto-forno	CP II-E	51 – 94	6 – 34	0	0 – 15
Composto com material pozolânico	CP II-Z	71 – 94	0	6 – 14	0 – 15
Composto com material carbonático	CP II-F	75 – 89	0	0	11 – 25

Fonte: ABNT, 2018.

---

* Todos os valores são dados em porcentagem de massa.

Tabela 5.2 – Normatização para propriedades químicas do cimento Portland no Brasil

Sigla	Resíduo insolúvel	Perda ao fogo	Óxido de magnésio (MgO)	Trióxido de enxofre (SO$_3$)
CP I	≤ 5,0	≤ 4,5	≤ 6,5	≤ 4,5
CP I-S	≤ 3,5	≤ 6,5	≤ 6,5	≤ 4,5
CP II-E	≤ 5,0	≤ 8,5	–	≤ 4,5
CP II-Z	≤ 18,5	≤ 8,5	–	≤ 4,5
CP II-F	≤ 7,5	≤ 12,5	–	≤ 4,5

Fonte: ABNT, 2018.

Quando observada essa composição química, é constatado que o teor de CaO dos diferentes cimentos Portland é sempre maior que 60. O conteúdo de sílica (SiO$_2$) varia entre 20% e 24%. As quantidades de Al$_2$O$_3$ e Fe$_2$O$_3$ são mais variáveis. Outros compostos podem ser adicionados ao cimento ou ao concreto quando é necessário um produto final com características específicas. Os aditivos podem modificar as propriedades do concreto fresco ou endurecido ou, em alguns casos, ambos.

Em geral, o sulfato de cálcio, popularmente chamado de *gesso*, é adicionado a todos os cimentos em quantidade de 3% a 5% do clínquer. Sua função é aumentar o tempo de pega, que é a fase inicial do endurecimento da pasta de cimento denominada *concreto*. O mineral utilizado na indústria de cimento é a gipsita, majoritariamente CaSO$_4$, e ela deve conter pelo menos 53% de SO$_3$ e não ter impurezas que influenciem o tempo de pega.

Para entender o mecanismo de ação do gesso, é preciso compreender o mecanismo de hidratação do cimento. O C$_3$A é a fase mais reativa do cimento. Ele reage instantaneamente com a água, produzindo, na superfície do clínquer, C_4AH_{19} e C_4AH_{13}, que se convertem em C_3AH_6. Esses compostos são insolúveis e, portanto, endurecem o cimento. A reação de hidratação do C_3A na presença de sulfato de cálcio é uma reação exotérmica e leva à formação de fases cristalinas chamadas de *hidratos de trisulfoaluminoferrite*, sendo a mais importante delas a etringita ($C_6A\hat{S}_3H_{32}$). A etringita pode formar uma membrana protetora sobre o C_3A ou, mais provavelmente, adsorver sulfatos em sítios ativos de C_3A, com o efeito de desacelerar sua dissolução, retardando o tempo de pega.

Embora o C_3A seja a fase mais reativa, a cinética de hidratação do cimento é governada principalmente pela hidratação da alita, visto que o C_3S é o componente majoritário do cimento. A hidratação do C_3S produz a precipitação de uma fase amorfa (ou pouco cristalina) de C–S–H com estequiometria variável, sendo mais bem descrita como C_x–S–H_n, e uma fase cristalina, hidróxido de cálcio, também chamado de *portlandita* (CH). A hidratação da belita também gera C-S-H e CH. Não há uma grande contribuição do CH para a resistência mecânica do concreto, além de ser mais solúvel e passível de lixiviação.

Importante!

Em um sistema contendo C_3S e C_3A nas proporções encontradas no cimento Portland comum, a hidratação do aluminato suprime amplamente a hidratação do silicato, mesmo estando o C_3S em maior quantidade. À medida que o gesso é adicionado à mistura, a extensão da hidratação do C_3S aumenta em relação ao C_3A. Assim, fica clara a importância da adição de gesso no cimento.

A utilização de aditivos no cimento para construção civil é uma parte essencial na busca por melhores propriedades do concreto e pela produção mais sustentável desse produto, pois o clínquer é um dos grandes problemas ambientais do processo produtivo do cimento, incluindo a poluição decorrente da alta emissão de CO_2.

Os materiais cimentícios suplementares são pós finos utilizados na indústria do cimento com o intuito de substituí-lo mesmo que parcialmente. Eles podem ser resíduos industriais, pozolanas naturais ou minerais ativados que apresentem propriedades hidráulicas ou pozolânicas. Esses materiais, sem a presença do cimento, não exibem propriedades hidráulicas. Contudo, quando esses materiais estão sob condições alcalinas ou reagindo com o hidróxido de cálcio, formam produtos de hidratação semelhantes aos do cimento Portland. A reação entre o aditivo mineral e o $Ca(OH)_2$ é denominada *reação pozolânica*.

A escória granulada de alto-forno apresenta um comportamento cimentante, pois tem a capacidade de reagir diretamente com a água, formando produtos de hidratação com propriedades cimentícias. Assim, eles poderiam substituir o cimento Portland (cimento CP II-E), porém as reações químicas desse material com a água são muito aceleradas em virtude da presença de cimento Portland. Portanto, materiais como escória são mais frequentemente usados em combinação com o cimento Portland.

A ocorrência natural de pozolanas advém de cinzas vulcânicas ou terras diatomáceas. Artificialmente, podem ser obtidas pozolanas (a) pela ativação térmica de argilas cauliníticas para obter metacaulim; (b) pelo uso de resíduos industriais como escórias obtidas no processo de produção de ligas de ferro; (c) pelas cinzas geradas em usinas termoelétricas; e (d) pela sílica ativa. Particularmente, o metacaulim é um dos poucos materiais pozolânicos de fato produzidos para essa finalidade, ao passo que outros aditivos pozolânicos, tais como a escória de alto-forno, a cinza volante e a sílica ativa, são resíduos industriais. Sua adição ao cimento (cimento CP II-Z) evita o surgimento de patologias no concreto e reduz sensivelmente o risco de corrosão de armaduras. A sílica ativa é um material muito fino obtido como subproduto no processo de beneficiamento do silício. A presença de sílica ativa junto do cimento acelera a hidratação do C_3S, e quanto mais fina a sílica for, mais rapidamente o C_3S será hidratado.

O fíler calcário é outro aditivo muito usual na indústria cimentícia. Esse material é proveniente da rocha calcária finamente moída. O pó fino carregado pela corrente de ar que sai no último ciclone, no topo da torre de secagem, na etapa de preaquecimento, é um fíler calcário. Quando ele é adicionado ao cimento Portland (cimento CP II-F), produz concretos mais trabalháveis, porque os grãos ou as partículas desses materiais, ao se alojarem entre os grãos dos demais componentes do concreto, desempenham o papel de lubrificante.

No preparo do concreto, um aditivo comum é a areia. Esse material é adicionado pelo fato de não reagir quimicamente com os outros elementos do cimento. Ela consegue absorver o calor gerado pelas reações químicas de hidratação do cimento, além de engrossar a mistura, impedindo que o cimento rache. Para os casos em que o volume a ser preenchido com a mistura concretícia é muito grande, utiliza-se brita para impedir o trincamento posterior do concreto.

Curiosidade

Além dos aditivos minerais, é muito comum o uso de aditivos orgânicos para melhorar ou potencializar propriedades do cimento.

Os aditivos superplastificantes, ou aditivos redutores de água de alta eficiência, são definidos como os produtos que aumentam o índice de consistência do concreto, mantendo a quantidade de água de mistura constante. Os mais usuais são os sulfonatos de polinaftaleno, os de polimelamina e os copolímeros vinílicos, em razão de sua alta capacidade dispersante, a qual permite manter a trabalhabilidade da massa mesmo com o uso de uma relação água/cimento muito baixa. Com a redução da relação água/cimento, uma matriz mais densa e menos permeável é obtida, não apenas retardando a taxa de penetração de água, mas também fornecendo maior resistência às tensões geradas pelos carregamentos internos e externos.

Ao entrar em contato com a água, as partículas do cimento tendem a flocular, armazenando água e reduzindo a disponibilidade do líquido para hidratação do cimento. Os aditivos superplastificantes atuam adsorvendo nas partículas de cimento e provocando repulsão estérica e dispersão das partículas. Assim, a viscosidade do sistema é reduzida e a fluidez do concreto é ampliada. No entanto, os aditivos superplastificantes têm limitações: existem problemas importantes de incompatibilidade no par cimento/superplastificante que podem provocar o endurecimento imediato do concreto (falsa pega), a variação ou a redução da fluidez inicial e/ou o retardamento excessivo da pega.

Os aditivos retardantes têm a função de interferir na dissolução dos componentes do cimento, precipitando-se sobre as partículas para formar uma camada de baixa permeabilidade em volta dos grãos e impossibilitando o desenvolvimento da hidratação temporariamente. Açúcares (carboidratos em geral) são os compostos mais empregados como retardadores de pega. As interações entre as moléculas retardantes e o cimento são complexas, mas modificam substancialmente as taxas de dissolução, de nucleação e/ou de crescimento de várias fases. O mecanismo exato pelo qual a hidratação do cimento é retardada não está claro, mas há apontamentos de que as moléculas do retardante podem complexar íons cálcio, diminuir a dissolução das fases anidras, além de interferir na nucleação de hidratos e no equilíbrio de aluminato-silicato-sulfato.

Os aditivos incorporadores de ar são surfactantes, ou seja, moléculas anfifílicas que atuam em superfícies e têm uma cauda hidrofóbica (longa cadeia de alquil) e uma cabeça hidrofílica, iônica ou polar. Sua função é, em um sistema aquoso, migrar para a interface do sistema e manter sua parte polar voltada para a água e sua parte apolar orientada para fora da fase aquosa, entrando em contato com o outro componente da mistura, como o ar, um solvente orgânico ou partículas insolúveis. Para a construção civil, os incorporadores mais utilizados são os derivados de ácido sulfônico, surfactantes aniônicos, por apresentarem boa compatibilidade com o cimento e um custo reduzido.

No processo de preparação do concreto, as bolhas de ar que ficam presas na pasta não são estáveis e coalescem para formar bolhas maiores e mais estáveis. Contudo, elas são eliminadas da massa a partir da superfície do concreto, sendo o pouco ar que fica preso na massa eliminado por vibração e o volume final de ar retido na massa menor que 3%.

A atuação dos incorporadores de ar está ligada à sua presença ancorada na superfície do cimento, diminuindo fortemente a tensão superficial água/ar. Quanto maior a concentração do surfactante, maior a diminuição da tensão superficial da solução, o que favorece a estabilização de pequenas bolhas no interior da massa. Essas bolhas pequenas têm geralmente um diâmetro entre 5 mm e 100 mm e são da mesma ordem que as partículas do cimento. No concreto com incorporadores, o volume de bolhas incorporadas pode chegar a 10% e permanece no material no estado endurecido. Quando é necessário obter uma estrutura mais leve, o ideal é substituir os agregados (britas e pedras, por exemplo) que pesam mais por agregados mais leves. Assim, a adição do ar incorporado proporciona leveza ao concreto, sendo muito comum seu uso em preenchimentos de vãos e paredes. Por outro lado, o concreto com ar incorporado não é indicado para grandes estruturas, como elementos flutuantes, viadutos e pontes.

De maneira geral, muitos aditivos têm efeitos secundários, e eles podem ser benéficos ou indesejáveis para a qualidade final do produto. Assim, o uso e mesmo a quantidade deles devem ser fundamentados em estudos prévios ou na orientação do fabricante.

5.5 Estruturas de cimento

O concreto é uma mistura formada essencialmente de cimento e água. Ao material ligante, o cimento, podem ser adicionadas partículas ou fragmentos de agregados, isto é, matérias granulares tais como areia, cascalho, pedra britada, resíduos de construção e demolição. As propriedades do concreto e da obra final estão diretamente relacionadas com os materiais utilizados na preparação do concreto. Para determinada obra de construção civil, é necessário levar em consideração não apenas a resistência, a estabilidade dimensional e as propriedades elásticas do material, mas também a durabilidade de uma estrutura. Em geral, existe uma relação direta entre a durabilidade, a porosidade e a permeabilidade do concreto. A permeabilidade da estrutura concretícia e de obras de engenharia civil está relacionada com os materiais e as proporções contemplados no preparo do concreto, bem como com as intempéries ambientais, como vento forte, chuva torrencial, tempestade, furacão, seca, vendaval etc. A despeito disso, em geral, o concreto curado é durável na maioria dos ambientes naturais e industriais.

A deterioração pode ser causada por efeitos físicos que influenciam adversamente a durabilidade do concreto, incluindo o desgaste superficial e a exposição a temperaturas extremas, como aquelas atingidas em geadas ou fogo. Casos de deterioração prematura de estruturas de concreto podem ocorrer, e, quando isso acontece, geralmente a água está envolvida, de tal modo que a facilidade de penetração dela na estrutura é um fator determinante na velocidade da deterioração. Nesse contexto, em processos de degradação física, a água pode atuar em sólidos porosos, causando deterioração. É importante lembrar que os processos associados com o transporte de água em sólidos porosos são controlados pela permeabilidade do sólido. Por outro lado, quando submetido ao fogo, o concreto é capaz de resistir por um longo período de tempo, reduzindo o perigo de um colapso na estrutura. Muitos fatores podem controlar a resposta ao fogo; no entanto, o aumento da temperatura dos elementos estruturais decorrente da ação térmica oriunda de incêndios causa alterações na micro e na macroestrutura do concreto: trata-se de um grave problema.

Uma pasta de concreto contém uma grande quantidade de água. Com o aumento da temperatura, os diferentes tipos de água na estrutura do concreto são perdidos. Contudo, é necessária uma grande quantidade de calor para transformar a água líquida em vapor, e a temperatura do concreto não aumenta muito até que toda a vaporização da água seja alcançada. Uma grande quantidade de água evaporável pode causar um enorme problema para a estrutura. A perda de umidade do concreto pode resultar em queda da resistência e do módulo de deformação, além de, se a taxa de aquecimento for alta e a permeabilidade da pasta de cimento for baixa, danos ao concreto poderem ocorrer, gerando fragmentação da superfície. Em adição, a ausência de fissuras pode impedir a liberação da água do interior da massa de concreto, havendo possibilidade de ocorrer lascamento explosivo, ou seja, separação completa das camadas superficiais aquecidas.

Já a deterioração do concreto por efeitos químicos deletérios inclui a lixiviação da pasta de cimento pela ação de soluções ácidas e pela corrosão das estruturas de aço no interior do concreto. A água pode atuar como veículo para o transporte de íons que agridem a estrutura e ser, pois, um agente de degradação química. A razão de deterioração é afetada pelo tipo e pela concentração dos íons presentes na água, bem como pela composição química do sólido. Ademais, a velocidade da deterioração química é dependente da localização do ataque químico, isto é, se ele ocorre apenas na superfície do concreto ou se ele também acontece no interior do material.

Ao contrário das rochas naturais e minerais, o concreto é essencialmente um material alcalino, pois todos os compostos de cálcio que constituem o processo de hidratação do cimento Portland são alcalinos. Dependendo da concentração de Na^+, K^+ e OH^-, o concreto feito com cimento Portland tem valores de pH entre 12,5 e 13,5. Portanto, soluções ácidas podem causar desequilíbrios no concreto, levando à desestabilização dos produtos cimentícios formados na etapa de hidratação do cimento. A velocidade e a agressividade do ataque químico serão influenciadas pelo pH do agente químico e pela permeabilidade do concreto. A presença de CO_2 livre, de alguns ânions de ácidos fortes, tais como SO_4^{2-} e Cl^- (em águas de lençóis freáticos ou do mar), ou de íons H^+ (em águas industriais) pode reduzir o pH do meio abaixo de 6 e provocar deterioração no concreto.

Por meio de reações químicas de troca de cátions entre algumas soluções ácidas e os constituintes do cimento Portland, são formados sais solúveis de cálcio que podem ser removidos por lixiviação. Os principais sais solúveis de cálcio são o cloreto de cálcio, o acetato de cálcio e o bicarbonato de cálcio. Os ataques ácidos desses ânions ao cimento são mais efetivos e severos do que o ataque de outros sais que tenham esses mesmos ânions. O produto da reação do sólido cimentício $Ca(OH)_2$ e uma solução de NH_4Cl (sal ácido) são os compostos solúveis $CaCl_2$ e NH_4OH, ou seja, ocorre um aumento na porosidade e na permeabilidade do sistema. Por outro lado, uma solução de $MgCl_2$ (sal neutro), que tem o íon Cl^-, não produz um ataque efetivo ao cimento, pois os produtos da reação entre o sólido cimentício $Ca(OH)_2$ e uma solução de $MgCl_2$ são os compostos solúvel $CaCl_2$ e insolúvel $Mg(OH)_2$, ou seja, não são aumentadas a porosidade e a permeabilidade do sistema.

Reações de ataques químicos ao concreto

Equação 5.8

$$2NH_4Cl + Ca(OH)_2 \rightarrow CaCl_2 + 2NH_4OH$$

Equação 5.9

$$2MgCl_2 + Ca(OH)_2 \rightarrow CaCl_2 + 2Mg(OH)_2$$

Equação 5.10

$$Ca(OH)_2 + H_2CO_3 \rightarrow CaCO_3 + 2H_2O$$

Equação 5.11

$$CaCO_3 + CO_2 + H_2O \rightarrow Ca(HCO_3)_2$$

Um caso específico é o da reação de troca catiônica produzida pelo ácido carbônico. O produto da reação desse ácido com o $Ca(OH)_2$ é o sal insolúvel $CaCO_3$ e a água, que não aumenta a porosidade e a permeabilidade do sistema. Essa reação leva a uma diminuição do pH para valores próximos de nove através da carbonatação do $Ca(OH)_2$. Com a redução do teor de hidróxido de cálcio no interior dos poros da pasta de cimento hidratado e, posteriormente, com sua transformação em carbonato de cálcio ($CaCO_3$), em razão das reações de carbonatação, o pH é reduzido para valores próximos ou inferiores a nove. Quando água com presença de CO_2 livre entra em contato com o $CaCO_3$ insolúvel, uma reação reversível acontece, cujo produto é o bicarbonato de cálcio, um sal solúvel, ou seja, o CO_2 age na hidrólise do composto cimentício $Ca(OH)_2$.

Os efeitos da água do mar sobre o concreto são muito importantes, pois um número significativo de estruturas é exposto à água do mar, direta ou indiretamente. A água marinha tem, em sua composição química, altas concentrações de Na^+ e Cl^-, além de Mg^{2+} e SO_4^{2-} em quantidades suficientes para interagir consideravelmente com os compostos cimentícios. O pH da água do mar é próximo a 7,5 e, com a dissolução de CO_2 atmosférico, pode diminuir e tornar essa água mais agressiva ao concreto. A ação deteriorante da água do mar sobre o concreto é resultante de diversos fatores, entre eles o fato de a estrutura receber, mesmo não estando em contato direto com a água do mar, uma quantidade razoável de sais, capazes de produzir depósitos salinos na superfície. O mecanismo principal de degradação desses sais é a corrosão das armaduras pela ação dos íons cloreto. Já nas partes submersas, o concreto permanece submerso continuamente, e a degradação acontece pela ação dos íons cloretos e pelos íons sulfato e magnésio. Na prática, os efeitos físicos e químicos estão intimamente ligados. Ataques químicos no concreto acarretarão prejuízos físicos, como aumento de porosidade e permeabilidade, decaimento da resistência e surgimento de fissuras e lascamento. Assim, os efeitos de deterioração físicos e químicos agem conjuntamente e podem atuar sinergicamente.

Síntese

Neste capítulo, discorremos sobre a importância dos processos químicos na fabricação do cimento. Muita química está envolvida nesse contexto, desde a escolha e a preparação das matérias-primas. O controle da composição química é fundamental para a produção do cimento desejado. A produção por via seca é o método mais utilizado atualmente, e a otimização da energia térmica produzida no processo é fundamental para garantir a viabilidade econômica. A formação do clínquer é a etapa crucial do processo e acontece quando as matérias-primas atravessam as várias zonas térmicas do forno calcinador, estando submetidas a temperaturas próximas a 1.450 °C. O cimento é uma mistura de compostos químicos, dos quais a alita e a belita são os principais. Já o concreto é uma mistura formada essencialmente de cimento e água. A hidratação do cimento durante a formação do concreto gera as características de resistência desejada.

Atividades de autoavaliação

1. Qual é o principal constituinte do cimento?
   a) SiO_2.
   b) $CaCO_3$.
   c) Al_2O_3.
   d) MgO.
   e) Fe_2O_3.

2. Sobre a produção de cimento, é correto afirmar:
   a) No processo por via úmida, o cimento é obtido em solução aquosa e, por meio de um processo de secagem, é fragmentado e seco para sua forma comercial.
   b) O processo via úmida apresenta como vantagem principal o baixo gasto energético global.
   c) O calor gerado no forno de calcinação é reutilizado na produção de cimento pelo processo via seca.
   d) A diferença entre o processo via seca e o processo via úmida está na maneira como a matéria-prima é minerada.
   e) Os fornos calcinadores no processo via úmida são menores do que os fornos calcinadores no processo via seca.

3. O clínquer é o(a):
   a) cimento vendido comercialmente.
   b) farinha crua antes do processo de calcinação.
   c) produto obtido na reação de hidratação do cimento.
   d) mineral sintético chamado de *etringita*.
   e) material obtido após os processos de calcinação e de sinterização.

4. A respeito das reações que acontecem no forno calcinador, é **incorreto** afirmar:
   a) Os minerais sintéticos que compõem o clínquer são formados a 1.450 °C.
   b) Os minerais sintéticos que compõem o clínquer são formados a 1.000 °C, mas sinterizados a 1.450 °C.
   c) O C_3S é formado a partir de 1.260 °C, com quase extinção da cal livre.
   d) Uma fase líquida é formada apenas a 1.450 °C, permitindo as reações finais de formação dos minerais sintéticos.
   e) C_3A e C_4AF são os últimos minerais formados, pois a reação química que os origina acontece a 1.450 °C.

5. Quanto ao processo de hidratação do cimento, é **incorreto** afirmar:
   a) A hidratação do cimento é um processo endotérmico.
   b) A hidratação da belita e da halita produz os silicatos de cálcio hidratado.
   c) $Ca(OH)_2$ é um produto da hidratação do cimento, sendo conhecido como *portlandita*.
   d) O tempo de pega é controlado principalmente pela hidratação do C_3A.
   e) A etringita é a primeira estrutura cristalina formada no processo de hidratação do cimento.

Atividades de aprendizagem

Questões para reflexão

1. Reflita sobre a etapa de homogeneização da farinha crua e explique o porquê de sua necessidade.
2. Como e por que o processo de produção de cimento passou a ser mais eficiente energeticamente a partir da crise do petróleo de 1970?
3. Considere as adições para a qualidade final do concreto, principalmente em relação ao gesso, e explique qual é a função delas.

Atividade aplicada: prática

1. Considere que o asfalto é produzido a partir de derivados de petróleo. O revestimento asfáltico é amplamente utilizado para pavimentação de ruas e rodovias, embora seja possível utilizar concreto para esse fim. Faça um levantamento da existência de ruas pavimentadas com concreto em sua cidade. Considere as discussões do capítulo e compare a durabilidade do revestimento dessas ruas com a de outras pavimentadas com asfalto.

Capítulo 6

Processo cloro-álcalis

A indústria de cloro-álcalis tem importância expressiva, sendo considerada uma das maiores tecnologias eletroquímicas do mundo. Seus produtos, gás cloro (Cl_2) e soda cáustica (NaOH), são obtidos concomitantemente, além de serem extensivamente utilizados como insumos em diferentes indústrias químicas, o que torna muito raro um produto da indústria química que não empregue cloro ou soda em alguma etapa de sua produção. Dessa forma, esses dois compostos químicos resultam em uma gama de produtos utilizados no cotidiano que são em algum momento associados a essa indústria, tais como: sabões, detergentes, fertilizantes, plásticos, vidros, tintas, alimentos, roupas, papel, explosivos, fármacos, solventes, entre outros.

6.1 Características do processo de obtenção de cloro-álcalis

O processo de produção atual é eletrolítico e necessita basicamente dos insumos água, sal e energia elétrica.
As moléculas de sal e de água são quebradas e reagrupadas no ânodo (Cl_2) e cátodo (NaOH), ocorrendo a formação simultânea dos produtos em uma proporção em massa de 1 de cloro para 1,12 de soda cáustica. O gás hidrogênio é um subproduto desse processo, e são gerados 30 kg dele para cada tonelada de cloro. Ele pode ser recuperado e, posteriormente, servir de combustível na própria linha de produção. Esse processo de produção

pode ser realizado por três tecnologias distintas, cada uma empregando um tipo de célula eletroquímica: diafragma, mercúrio ou membrana. No Gráfico 6.1, é possível observar a distribuição dessas tecnologias nos cenários nacional e mundial.

Gráfico 6.1 – Distribuição das tecnologias aplicadas no Brasil e no mundo no ano de 2020

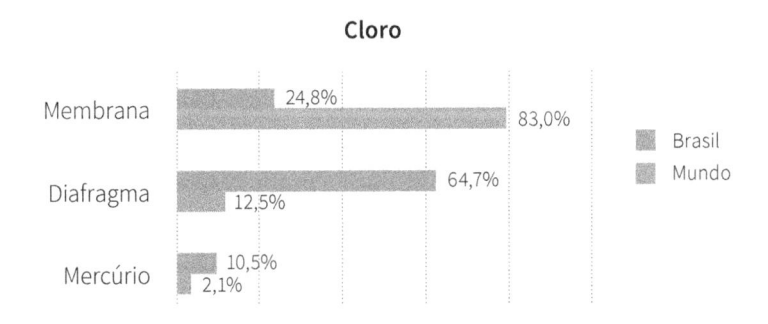

Cloro

Tecnologia	Brasil	Mundo
Membrana	24,8%	83,0%
Diafragma	12,5%	64,7%
Mercúrio	2,1%	10,5%

Fonte: Elaborado com base em Abiclor, 2020.

A tecnologia de mercúrio foi a primeira a ser utilizada industrialmente, foi desenvolvida em 1892 pelo americano Hamilton Y. Castner e apresenta significativa vantagem, por produzir um hidróxido de sódio mais puro, com baixos teores de cloreto de sódio (< 30 ppm). Entretanto, desde o final do século XX, a participação dessa tecnologia vem diminuindo fortemente, em razão das características tóxicas do mercúrio e, consequentemente, dos graves danos ambientais agregados. Esse processo, embora tenha melhorado nas últimas décadas, ainda gera em torno de 1 g de mercúrio por tonelada de cloro produzida. No Japão, seu uso foi abolido após a tragédia ocorrida em 1950, em Minamata, onde indústrias locais descartavam rejeitos contendo mercúrio na baía dessa cidade desde 1930. Nesses 20 anos passados, milhares de pessoas que se alimentavam dos peixes dali começaram a apresentar sérios problemas neurológicos, fato que ficou conhecido como "mal de Minamata". Morreram mais de 1.400 pessoas, e mais de 20 mil ainda recebem indenizações (Kudo; Turner, 1999). Hoje, sabe-se que o composto responsável foi o metilmercúrio (Me-Hg). No Brasil, seu uso foi limitado pela Lei n. 9.976, de 3 de julho de 2000 (Brasil, 2000), que proíbe a instalação de novas fábricas que realizem esse processo. A continuidade das fábricas existentes foi condicionada ao cumprimento de várias condições de segurança no trabalho, ao registro de emissões, ao gerenciamento de mercúrio residual, ao monitoramento de efluentes, entre outros aspectos. Na Europa, ainda há uma utilização considerável, fato atrelado ao grande número de indústrias antigas ainda em atividade; todavia, existe um acordo mundial, estabelecido em 2013 na Convenção de Minamata, sobre o mercúrio, para converter todas as fábricas que utilizam essa tecnologia até 2025 (Brasil, 2018).

    A tecnologia de diafragma foi desenvolvida em 1851 na Inglaterra por Charles Watt e, posteriormente, implantada industrialmente por Griesheim. Seus compartimentos anódicos e catódicos são separados por um diafragma constituído de fibras de amianto ou, no caso das mais atuais, fibras sintéticas. Esse diafragma que dá nome à tecnologia é permeável à molécula de água e aos íons cloretos e sódio, melhorando a eficiência da corrente elétrica utilizada, além de reduzir a difusão de seus produtos. Exige uma manutenção constante, por conta do entupimento do diafragma, problema que pode ser identificado pelo aumento na pressão hidráulica da célula ou na voltagem de trabalho. Inversamente ao que ocorre mundialmente, é a tecnologia mais utilizada no Brasil, em razão do elevado custo de modernização das indústrias atuais. A questão ambiental com o amianto pode ser sanada com sua substituição, que vem ocorrendo, nos últimos anos, por teflon. Inclusive, é isso que tem sido feito desde 2020: todas as plantas brasileiras conseguiram substituir as membranas de amianto. Trata-se de uma técnica vantajosa para plantas que utilizam diretamente a salmoura obtida de minas de sal-gema; contudo, a concentração de soda é baixa na solução final, necessitando de maiores gastos energéticos com o processo de evaporação.

A mais nova tecnologia é a de membrana, que apresenta algumas vantagens, como um menor custo de implantação e uma eficiência energética superior, a qual, por sua vez, leva a uma diminuição no custo de produção, além de não sofrer restrições ambientais. Dominante principalmente no Japão e na Europa Ocidental, a tecnologia de membrana caracteriza-se como aquela que deverá prevalecer. A membrana que separa os eletrodos, além de permeável, é seletiva e possibilita a passagem dos íons sódio da região do ânodo para a do cátodo, sem permitir o movimento inverso dos íons hidroxila.

A primeira membrana utilizada foi desenvolvida pela empresa Du Pont, na década de 1970, e era composta por um copolímero constituído por uma cadeia principal de politetrafluoretileno (PTFE) com cadeias laterais de éter fluorado e terminações de grupos sulfônicos ($-SO_3H$). Ele foi designado pelo nome comercial *Nafion*. Em 1975, a empresa japonesa Asahi Glass conseguiu melhorar a seletividade desse material, associando a ele uma componente carboxílica na mesma base da anterior, denominada *Flemion*. Todavia, sua resistência elétrica era maior. Então, a empresa, em 1978, conseguiu juntar as vantagens individuais das membranas anteriores, desenvolvendo um polímero compósito com uma dupla camada (perfluorsulfônica e carboxílica) e denominado *Aciplex*. A camada mais espessa contendo grupos SO_3^- fica do lado anódico e proporciona maior resistência mecânica à membrana. Do lado catódico, a outra camada contendo grupos COO^- favorece a alta seletividade da membrana, bloqueando a passagem de íons hidroxila e cloreto, deixando passar somente os íons de sódio, o que culmina em uma solução cáustica bastante concentrada (33%).

Apesar de a solução ser três vezes mais concentrada que via diafragma (12%), ainda é inferior ao processo que utiliza mercúrio (50%). Sua maior desvantagem é exigir uma salmoura de alimentação com pureza mais elevada que os outros processos. Um comparativo entre as três técnicas é apresentado na Tabela 6.1.

Tabela 6.1 – Características das três tecnologias eletroquímicas aplicadas na produção de cloro-álcalis

Características	Tecnologias		
	Mercúrio	Diafragma	Membrana
Implantação	1896	1928	1971
Qualidade da salmoura	Pré-tratamento	Pré-tratamento	Alta pureza

(continua)

(Tabela 6.1 – conclusão)

Características	Tecnologias		
	Mercúrio	Diafragma	Membrana
Concentração cáustica obtida	50%	12%	33%
Teor de NaCl no produto	< 30 ppm	1,0% a 1,5%	< 50 ppm
Concentração de O_2 no cloro	< 0,1%	1,5% a 2,5%	0,5% a 2,0%
Consumo médio elétrico em KWh/ ton de Cl_2	3.360	2.720	2.500
Impacto ambiental	Mercúrio	Amianto	Nenhum

Fonte: Elaborada com base em Abiclor, 2020.

A produção brasileira, no ano de 2020, de cloro e de soda foi, respectivamente, 786,2 e 850,8 mil toneladas, o que foi capaz de abastecer o mercado consumidor interno em diferentes segmentações. Oito plantas industriais são as maiores responsáveis pela capacidade instalada no país e estão distribuídas como descrito na Tabela 6.2. Desde 2017, a empresa Unipar, com aquisição da Down Cubatão, consolidou-se como a maior fabricante de cloro e de soda da América Latina (Abiclor, 2020).

Tabela 6.2 – Indústrias produtoras de cloro-álcalis no território nacional e sua capacidade instalada em 2020

Empresa	Localização	Tecnologia	Capacidade instalada (t) de cloro
Braskem	Alagoas – AL	Diafragma	409.400
Chemtrade	Aracrus – ES	Membrana	47.700
CMPC	Guaíra – RS	Membrana	35.400
Dow Brasil	Aratu – BA	Diafragma	415.000
Katrium	Rio de Janeiro – RJ	Mercúrio	34.000
Compass Minerals	Igarassu – PE	Mercúrio	46.100
Unipar Indupa	Santo André – SP	Membrana	160.200
Unipar Carbocloro	Cubatão – SP	Diafragma	355.000

Fonte: Elaborada com base em Abiclor, 2020.

O processo cloro-álcalis, por ser eletrointensivo, tem a energia elétrica como seu principal custo industrial. Faz-se necessária uma média de 3,1 MWh por tonelada de cloro, tornando esse item responsável por um custo total de produção na ordem de 50%. A precificação dos produtos é baseada em uma unidade eletroquímica de produção definida como ECU (*Electrochemical Unit*). O custo de uma ECU corresponde à soma dos preços de 1 t de cloro e 1,12 t de soda cáustica. Dessa forma, os preços dos dois ficam atrelados, variando em função da demanda e da oferta no mercado (Fernandes; Glória; Guimarães, 2009). O consumo de energia elétrica por ECU varia de 2,5 a 3,4 MWh/t de acordo com a tecnologia empregada, como descrito na Tabela 6.2 (Abiclor, 2020).

No Brasil, a matriz energética é muito dependente de usinas hidrelétricas, e, nos últimos anos, os níveis das barragens vêm diminuindo consideravelmente por redução do regime de chuvas, fato que implica aumentos significativos nos preços finais para o consumidor. A tarifa média de energia elétrica dedicada à indústria cloro-álcalis teve um acréscimo de 292% entre os anos de 2001 e 2019. Esse fator afeta diretamente as indústrias nacionais, o que refletiu em uma retração de investimento na ordem de 60% entre os anos de 2007 e 2018. Essa limitação dificulta sua competividade, abrindo espaço para a entrada de produtos importados, como já observado na queda da participação doméstica dessa indústria de 62,9% em 2009 para 40,7% em 2019, uma redução de 22,2 pontos em apenas 10 anos. A taxa média de fornecimento de energia elétrica para a indústria fechou o ano de 2020 a R$ 557,71, equivalendo a US$ 103,74 (taxa de câmbio do dia 19/02/2020 – US$ 5,376) (Abiclor, 2020; Brasil, 2020b).

6.2 Meios de obtenção do cloro

O cloro é um elemento de alta reatividade, impossibilitando que seja encontrado na natureza em seu estado elementar: sua forma natural mais abundante são os cloretos (NaCl). Foi primeiramente sintetizado pelo químico sueco Carl Wilhelm Scheele em 1774, o qual, ao reagir o mineral pirolusita, dióxido de manganês (MnO_2), com ácido clorídrico (HCl), verificou o desprendimento de um gás amarelo-esverdeado, ao qual deu o nome de *ácido muriático oxigenado*. As teorias da época definiam que os ácidos continham oxigênio em sua composição. Essa terminologia só foi alterada em 1810 pelo químico britânico Humphry Davy, que, estudando amostras de líquidos estomacais, conseguiu identificar o elemento cloro, cuja terminologia é oriunda do grego *khlorós*, que significa "esverdeado".

Equação 6.1

$$MnO_{2(s)} + 4HCl_{(aq)} \xrightarrow{100\text{-}110\,°C} MnCl_{2(aq)} + 2Cl_{2(g)} + 2H_2O_{(l)}$$

Somente na segunda metade do século XIX, com o aumento da demanda de cloro como alvejante na indústria têxtil e na de celulose, foi possível aproveitar o ácido clorídrico, que era subproduto do processo Leblanc de produção de barrilha (Na_2CO_3). Em 1860, Walter Weldon desenvolveu uma rota que possibilitava a recuperação do manganês utilizado na reação. O cloreto de manganês, subproduto da reação, foi tratado com vapor de oxigênio e cal, regenerando o óxido. Essa rota ficou conhecida como *processo Weldone* e está descrita a seguir.

Equação 6.2

$$MnCl_{2(s)} + Ca(OH)_{2(aq)} + 1/2\, O_{2(g)} \xrightarrow{55\text{-}60\,°C} MnO_{2(s)} + CaCl_{2(aq)} + H_2O_{(l)}$$

Esse processo foi substituído, por Henry Deacon, em 1868, pelo Processo Deacon (diácono), que eliminou a necessidade do uso do óxido de manganês. Nele, na presença de cloreto de cobre como catalisador, utiliza-se diretamente o oxigênio do ar para oxidar o ácido clorídrico em temperaturas próximas a 460 °C:

Equação 6.3

$$4HCl_{(aq)} + O_{2(g)} \xrightarrow{460\,°C;\ CuCl_2} 2Cl_{2(g)} + 2H_2O_{(l)}$$

A partir de 1940, com o desenvolvimento de geradores de grande capacidade de corrente contínua, consolidou-se o processo de eletrólise como principal rota de obtenção da soda e, por conseguinte, de cloro, e ele prevalece até o momento atual. Esse processo é efetivado por intermédio de três tecnologias eletroquímicas que se distinguem nas estruturas das células eletroquímicas (mercúrio, diafragma e membrana), mas mantêm em comum o uso das mesmas matérias-primas: salmoura e energia.

6.2.1 Tecnologia de mercúrio

Essa tecnologia é dividida em duas células diferentes (primária e secundária), como pode ser observado na Figura 6.1.

Figura 6.1 – Representação esquemática do processo via célula de mercúrio

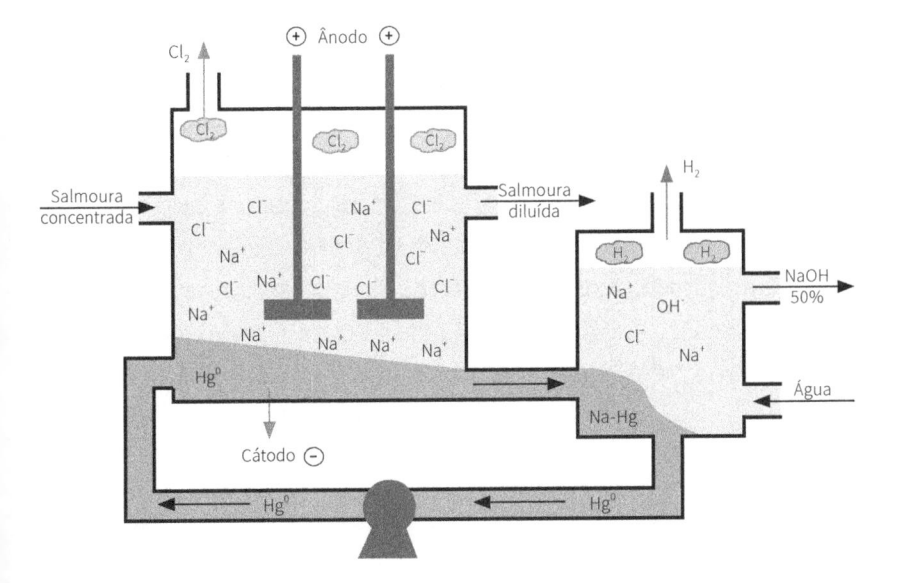

A primária apresenta uma leve inclinação e utiliza um fluxo de mercúrio metálico como cátodo. Quando alimentada, os precursores água e sal (salmoura) entram em contato com os eletrodos, iniciando a reação redox. Nesse processo, os íons cloreto são oxidados a gás cloro no ânodo, como descrito nas reações a seguir.

Equação 6.4

$$2Cl^-_{(aq)} \rightarrow Cl_{2(aq)} + 2e^-$$

Equação 6.5

$$Cl_{2(aq)} \rightarrow Cl_{2(g)}$$

O gás cloro gerado é coletado pela saída superior dessa primeira célula. É pertinente destacar a evolução dos materiais que constituem o ânodo. Inicialmente, usavam-se platina e magnetita, mas, com a expansão da indústria, tornou-se inviável fazer isso, pelo custo da platina e pela baixa condutividade da magnetita, as quais foram, dessa maneira, substituídas por grafite. Apesar do custo inferior, o consumo deste é muito rápido e demanda ajustes de distâncias apenas periodicamente. Os atuais são de titânio e revestidos com óxidos de irídio, de rutênio ou mesmo de titânio. Além disso, apresentam elevado tempo de vida e capacidade de trabalhos com altas densidades de corrente.

Já no cátodo, ocorre a redução dos íons sódio, formando sódio metálico que decanta no fundo da cuba. O sódio metálico dissolve no mercúrio e forma um amálgama de sódio e mercúrio (Na-Hg):

Equação 6.6

$$2Na^+_{(aq)} + Hg_{(l)} + 2e^- \rightarrow 2Na-Hg$$

A reação global pode ser descrita da seguinte forma:

Equação 6.7

$$2NaCl_{(aq)} + Hg_{(l)} \rightarrow 2Na-Hg_{(s)} + Cl_{2(g)}$$

Esse amálgama formado é bombeado para fora da célula primária e, em seguida, inserido em contrafluxo de água purificada na célula secundária, também chamada de *célula de decomposição*. A reação redox desse amálgama com a água é bem intensa e exotérmica, levando à decomposição da água (reação catódica) e liberando o gás hidrogênio. Concomitantemente, ocorre a recuperação do mercúrio metálico (reação anódica):

Equação 6.8

$$2H_2O_{(l)} + 2e^- \rightarrow 2OH^-_{(aq)} + H_{2(g)}$$

Equação 6.9

$$2Na-Hg_{(s)} \rightarrow 2Na^+_{(aq)} + Hg_{(l)} + 2e^-$$

Reação global:

Equação 6.10

$$2Na-Hg_{(s)} + 2H_2O_{(l)} \rightarrow 2NaOH_{(aq)} + Hg_{(l)} + H_{2(g)}$$

O gás hidrogênio gerado pode ser reaproveitado diretamente na própria fábrica como fonte de energia (combustível) ou, ainda, utilizado no processo de obtenção de ácido clorídrico. Contudo, existe a necessidade de uma etapa de purificação, que envolve um processo de resfriamento, a fim de se eliminarem possíveis traços de mercúrio em sua composição. Em situações que envolvem pureza desse gás mais acentuada, uma filtração em peneira molecular é exigida.

O mercúrio recuperado retorna para a célula primária para recomeçar o processo. O grande obstáculo é que a recuperação do mercúrio a partir do amálgama, descrita na Equação 6.9, não ocorre em sua totalidade, deixando um residual, tornando o método incompatível com a atual exigência ambiental, como mencionado anteriormente. A aplicação dessa técnica atualmente só ocorre pela alta qualidade de sua soda cáustica, mas existem tratados com previsão de encerramento dessa prática até 2025.

Por sua vez, a solução efluente concentrada de soda cáustica que sai dessa célula é encaminhada para a obtenção de hidróxido de sódio, processo que será detalhado na Seção 6.4.

6.2.2 Tecnologia de diafragma

Essa tecnologia permite realizar todo processo em uma única célula eletroquímica, mas, para isso, faz-se necessário um diafragma permeável que separa os eletrodos, criando uma região anódica e outra catódica (Figura 6.2) e utilizando, para tanto, ânodos de titânio recoberto com óxidos e o cátodo de aço inoxidável.

Figura 6.2 – Representação esquemática do processo via célula de diafragma

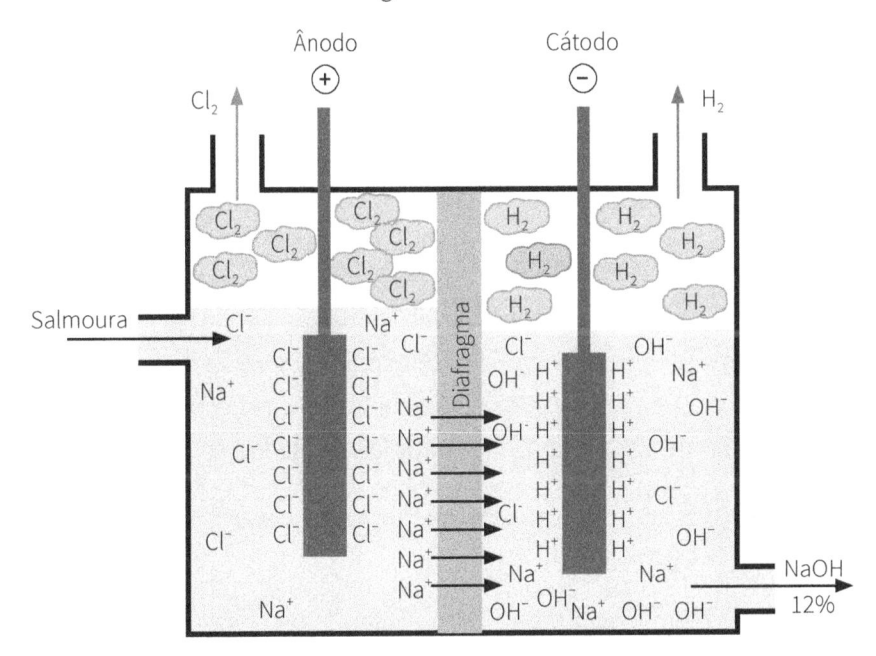

A salmoura é inserida na célula pelo lado do ânodo, compartimento em que os íons cloreto começam a sofrer o processo de oxidação, formando o gás cloro na superfície do ânodo, e os elétrons seguem no sentido do cátodo:

Equação 6.11

$$2Cl^-_{(aq)} \rightarrow Cl_{2(aq)} + 2e^-$$

Esse gás formado é coletado na parte superior desse compartimento. Uma parte pode ficar solubilizada na própria salmoura de alimentação, estabelecendo um equilíbrio entre os ácidos clorídrico (HCl), hipocloroso (HClO) e clórico (HClO$_3$):

Equação 6.12

$Cl_{2(aq)} + H_2O_{(l)} \rightarrow HCl_{(aq)} + HClO_{(aq)}$

Equação 6.13

$HClO_{(aq)} \rightarrow H^+_{(aq)} + ClO^-_{(aq)}$

Equação 6.14

$ClO^-_{(aq)} + 2HClO_{(aq)} \rightarrow HCl_{(aq)} + ClO^-_{3(aq)}$

Como a membrana é permeável, ao mesmo tempo que está acontecendo a difusão dos íons sódio no sentido do cátodo, ocorre também a reação de redução, que decompõe as moléculas de água e gera íons hidroxila e gás hidrogênio:

Equação 6.15

$2H_2O_{(l)} + 2e^- \rightarrow 2OH^-_{(aq)} + H_{2(g)}$

O gás hidrogênio é coletado na saída superior desse lado da célula, e a reação global é a seguinte:

Equação 6.16

$2NaCl_{(aq)} + H_2O_{(l)} \rightarrow NaOH_{(aq)} + 1/2\ H_{2(g)} + 1/2\ Cl_{2(g)}$

A presença da membrana gera também uma diferença de pressão hidrostática entre os compartimentos anódicos e catódicos, acarretando uma diferença de nível em torno de 13 cm. Essa diferença de pressão mantém o escoamento contínuo no sentido do compartimento anódico para o catódico. A solução efluente será detalhada na Seção 6.4.

6.2.3 Tecnologia de membrana

Essa tecnologia opera de modo muito similar à de diafragma, inclusive com as mesmas reações redox envolvidas. Desse modo, seu desenho esquemático é muito parecido, como pode ser visto na Figura 6.3, a seguir. Em particular, a alimentação nos compartimentos catódicos e anódicos ocorre separadamente, e a salmoura concentrada (ultrapura) é inserida no compartimento anódico, ao passo que o compartimento catódico recebe uma solução diluída de soda a 30%.

Figura 6.3 – Representação esquemática do processo via célula de membrana

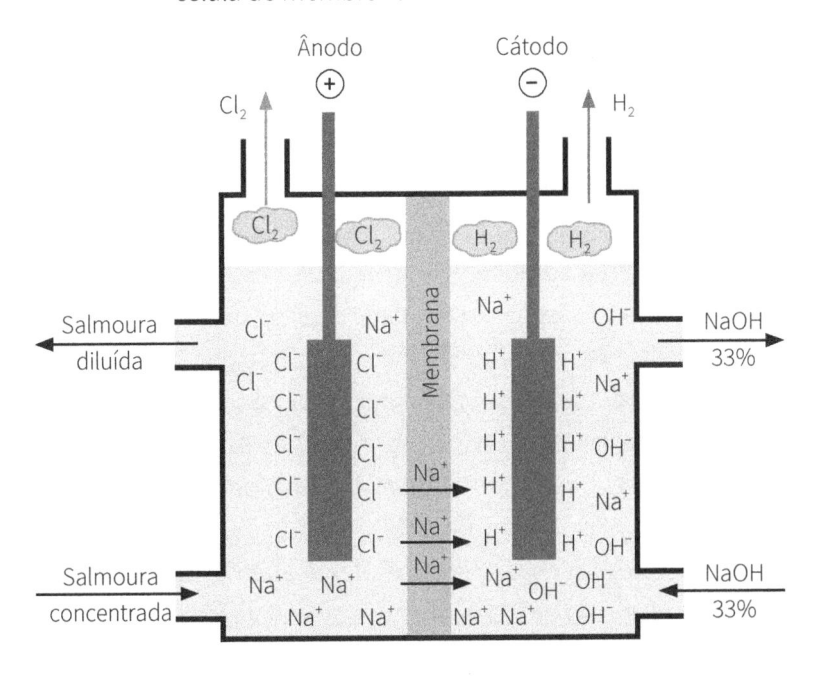

O grande diferencial aqui é a eficiente seletividade da membrana de dupla camada, que bloqueia a difusão dos íons cloreto e hidroxila, permitindo somente a difusão de íons sódio na direção do ânodo para o cátodo. Isso propicia produtos com elevada pureza a um custo energético inferior e com baixo impacto ambiental. Entretanto, essas membranas são muito sensíveis à presença de impurezas na salmoura, o que pode reduzir muito a sua vida útil ou mesmo causar danos que provoquem a troca imediata da membrana. Para evitar tais situações, é fundamental que a salmoura de entrada esteja com alta pureza.

6.3 Principais aplicações e setores de consumo do cloro

A aplicação direta do cloro tem um lugar de destaque na área da saúde, e seu papel na potabilidade da água que chega nos domicílios é primordial. Só existe água com qualidade de consumo depois de transportada por tubulação em grandes distâncias e reservada em caixas por vários dias porque, juntamente a ela, existe um residual de cloro com atividade de inativação de microrganismos patogênicos (bactérias, vírus, fungos e protozoários). Seu custo é inferior quando comparado com o de técnicas como a que faz uso do ozônio, que tem um amplo espectro de ação germicida. No entanto, a característica que mais se destaca é seu efeito residual, que permite a ação contínua em todo sistema de distribuição. Quando o gás cloro é inserido na água, há a formação de reações em equilíbrio com duas espécies responsáveis pelo poder desinfectante: o ácido hipocloroso (HOCl), mais estável em pH abaixo de 7,5, e o íon hipoclorito (OCl⁻), que é estável em pHs superiores a 7,5.

Equação 6.17

$$Cl_{2(g)} + 2H_2O_{(l)} \rightleftharpoons HClO_{(aq)} + H_3O^+_{(aq)} + Cl^-_{(aq)}$$

Equação 6.18

$$HClO_{(aq)} + H_2O_{(l)} \rightleftharpoons ClO^-_{(aq)} + H_3O^+_{(aq)}$$

O alto poder oxidante dessa solução, além da ação de desinfecção, também remove alguns compostos que podem dar odor ou gosto desagradável na água, tais como: compostos de ferro, sulfeto de hidrogênio e espécies orgânicas. Ademais, por ser extremamente reativo e combinar-se facilmente com outros elementos químicos, uma cadeia muito grande de seus derivados conduz para produção de diferentes produtos. Destacam-se o hipoclorito de sódio (NaOCl), o ácido clorídrico (HCl), o dicloroetano (DCE), o policloreto de vinila (PVC), entre outros.

O hipoclorito de sódio é um derivado direto, com ação similar no combate a organismos patogênicos. Ele é obtido pelo borbulhamento do gás cloro em solução de hidróxido de sódio, gerando uma solução básica de aspecto amarelado. Comercialmente conhecido como *água sanitária* ou *cândida*, é encontrado envasado em concentrações de 2,5% e 13% ou em pastilhas para purificação de água de poços e de piscinas. As reações em água são similares às do uso direto do gás cloro:

Equação 6.19

$$NaClO_{(s)} \rightleftharpoons ClO^-_{(aq)} + Na^+_{(aq)}$$

Equação 6.20

$$ClO^-_{(aq)} + H_2O_{(l)} \rightleftharpoons HClO_{(aq)} + OH^-_{(aq)}$$

Domesticamente, também é usado para lavagem de verduras e vegetais para consumo. No ano de 2019, teve seu uso bastante intensificado com o advento da pandemia de covid-19, para desinfecção de locais, de embalagens de produtos e de superfícies.

O ácido clorídrico (HCl) é um dos principais ácidos, paralelamente ao ácido sulfúrico, produzidos industrialmente. É obtido inicialmente na forma gasosa, diretamente pela reação do gás cloro com o gás hidrogênio:

Equação 6.21

$$Cl_{2(g)} + 2H_{2(g)} \rightleftharpoons 2HCl_{(g)}$$

Esse ácido tem coloração amarelada, com odor forte e irritante. Para facilitar o transporte e a distribuição, ele é dissolvido em água, formando um gás mais simples à base de cloro, mas apresenta uma alta evaporação. Com o objetivo de minimizar a evaporação, é comercializado em soluções com teores de HCl de 30% a 37%. Concentrações acima de 40% são chamadas de *fumegantes* e têm alta taxa de evaporação, com necessidades especiais de armazenamento. Por outro lado, em concentrações de 18%, é muito usado na indústria metalúrgica, nos processos de limpeza e de decapagem de metais, removendo principalmente óxido de ferro (III) (ferrugem):

Equação 6.22

$$Fe_2O_{3(s)} + Fe_{(s)} + 6HCl_{(aq)} \rightleftharpoons 3FeCl_{2(aq)} + 3H_2O_{(l)}$$

A conversão para ferro (II), que é solúvel, possibilita sua remoção. A regeneração desse ácido é conseguida pelo tratamento térmico do cloreto formado na presença de água e oxigênio:

Equação 6.23

$$4FeCl_{2(aq)} + 4H_2O_{(l)} + O_{2(g)} \rightleftharpoons + 8HCl_{(aq)} + 2Fe_2O_{3(s)}$$

O processo de produção do óxido de titânio (TiO_2) a partir do minério ilmenita ($FeTiO_3$) tem aumentado muito o consumo de ácido clorídrico. Esse óxido é muito utilizado em pigmentos brancos e tem tido aumentos sucessivos em sua procura. Por seu turno, a rota de obtenção que utiliza ácido clorídrico ganhou destaque por ser menos poluente.

Cerca de um terço do cloro produzido mundialmente está sendo dedicado à produção do polímero cloreto de polivinila (PVC). Sua versatilidade expande sua aplicação em uma gama muito elevada de produtos consumidos corriqueiramente no dia a dia, tais como: tubos para água e esgoto, embalagens alimentícias, calçados, roupas, brinquedos, revestimentos, garrafas, fios e cabos, janelas, portas, forros, instrumentos médicos etc. Isso o torna o segundo termoplástico mais consumido do mundo. O PVC se diferencia dos outros polímeros por não ser totalmente dependente do petróleo – sua composição em peso é de apenas 43% proveniente dessa fonte (no caso o eteno); o restante vem do cloro obtido pela eletrólise do sal marinho. É obtido pela reação do etileno (C_2H_4) com cloro, formando o intermediário 1,2-dicloroetano (DCE), sendo esse composto a forma mais viável que a indústria utiliza para gerenciamento de estocagem e distribuição.

O processo de produção do PVC inicia-se com a produção de seu monômero monocloreto de vinila (MVC). Esse processo é dividido em três etapas: (1) cloração do eteno, (2) pirólise e (3) recuperação do ácido clorídrico. Na primeira delas, a cloração é realizada em fase líquida com temperaturas entre 50 °C e 70 °C e pressões na ordem de 5 atm:

Equação 6.24

$$C_2H_{4(l)} + Cl_{2(g)} \rightleftharpoons C_2H_4Cl_{2(l)}$$

A pirólise ocorre em temperatura de 500 °C sob pressões de 3 a 30 atm, decompondo o DCE para MVC e HCl:

Equação 6.25

$$C_2H_4Cl_{2(l)} \rightleftharpoons C_2H_3Cl_{(l)} + HCl_{(g)}$$

A recuperação do ácido clorídrico é realizada em temperaturas próximas a 300 °C, em decorrência da oxicloração do eteno e utilizando-se cloreto cúprico ($CuCl_2$) como catalisador:

Equação 6.26

$$C_2H_{4(l)} + 1/2\, Cl_{2(g)} + 1/4\, O_{2(g)} \rightleftharpoons C_2H_3Cl_{(l)} + 1/2\, H_2O_{(g)}$$

A polimerização do MVC, representada na Figura 6.4, é realizada pelo processo de polimerização em suspensão. Nesse caso, o monômero é disperso em solução aquosa a 70 °C e pressão de 13 atm, para que se mantenha em fase líquida. Um peróxido é utilizado como iniciador da polimerização. Nessa etapa o polímero (PVC) vai sendo precipitado, por ser insolúvel em MVC, e separado por centrifugação.

Figura 6.4 – Polimerização do PVC

$$\underset{\text{MVC}}{\begin{array}{c} H \quad Cl \\ | \quad\; | \\ C = C \\ | \quad\; | \\ H \quad H \end{array}} \xrightarrow[13\ \text{atm}]{70\ °C} \underset{\text{PVC}}{\left[\begin{array}{c} H \quad Cl \\ | \quad\; | \\ C - C \\ | \quad\; | \\ H \quad H \end{array} \right]_n}$$

No ano de 2020, a produção doméstica de cloro conseguiu suprir 99,2% do consumo nacional (Abiclor, 2020). A distribuição por segmento de consumo pode ser vista no Gráfico 6.2.

Gráfico 6.2 – Segmentação do consumo da produção nacional de cloro no ano de 2020

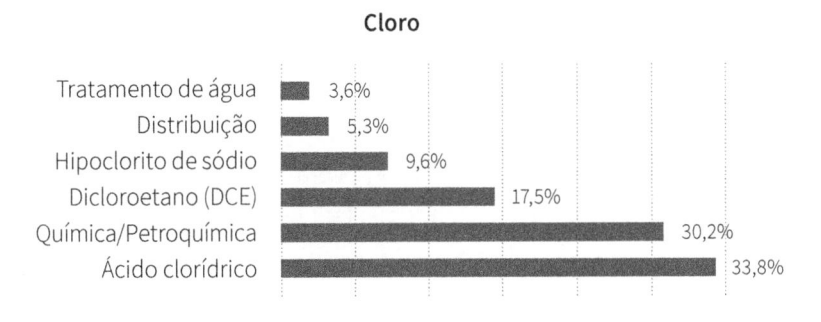

Cloro

Segmento	%
Tratamento de água	3,6%
Distribuição	5,3%
Hipoclorito de sódio	9,6%
Dicloroetano (DCE)	17,5%
Química/Petroquímica	30,2%
Ácido clorídrico	33,8%

Fonte: Abiclor, 2020.

6.4 Meios de obtenção da soda cáustica

Desde a Antiguidade, há relatos de obtenção de álcalis a partir de cinzas de madeira que eram utilizadas na produção de um tipo rudimentar de sabão. As próprias letras *Na*, representantes do elemento sódio, vêm do termo *natron*, que está associado ao Vale do Natron, localizado no antigo Egito, de onde eram extraídos os sais para a produção de carbonato de sódio (Na_2CO_3).

Até o final dos anos de 1750, toda a produção de Na_2CO_3 era proveniente da queima de materiais vegetais e algas, sendo a principal fonte um arbusto muito comum da região costeira do mediterrâneo conhecido como *barrilha*, ou *barrilheira*. Pelo seu extensivo uso, acabou dando origem ao termo *barrilha*, que até hoje é citado como sinônimo do carbonato de sódio. A queima desses arbustos fornecia cinzas com teores próximos a 25% de carbonato; porém, com o advento da Revolução Industrial, o consumo desses insumos aumentou drasticamente, para poder fomentar indústrias de sabão, de branqueadores e de papel, levando a uma busca por fontes ou processos diferentes de obtenção.

Em 1791, o químico francês Nicolas Leblanc, incentivado pelo prêmio proposto pela Academia Francesa de Ciências, desenvolveu uma rota de obtenção desse carbonato a partir de sal comum (NaCl) proveniente de água marinha ou de minas. Essa rota era dividida em duas etapas, sendo a primeira uma reação do sal com ácido sulfúrico para a produção de sulfato de sódio (Na_2SO_4):

Equação 6.27

$$2NaCl_{(aq)} + H_2SO_{4(aq)} \rightarrow Na_2SO_{4(s)} + 2HCl_{(g)}$$

A segunda etapa, por sua vez, consistia em uma calcinação do sulfato formado com carvão mineral (C) e cal ($CaCO_3$). Apesar de todos os insumos estarem no mesmo forno rotativo, ocorrem duas reações paralelas:

Equação 6.28

$$Na_2SO_{4(s)} + 4C_{(s)} \rightarrow Na_2S_{(s)} + 4CO_{2(g)}$$

Equação 6.29

$$CaCO_{3(s)} + Na_2S_{(s)} \rightarrow Na_2CO_{3(s)} + CaS_{(s)}$$

Essa rota possibilitou, pela primeira vez, ser produzida a barrilha em escala industrial, estimulando o surgimento de fabricas em vários países europeus.

Para produzir a soda cáustica, um processo adicional de caustificação, reação da barrilha com hidróxido de cálcio ($Ca(OH)_2$), precisa ser realizado:

Equação 6.30

$$Ca(OH)_{2(aq)} + Na_2CO_{3(s)} \rightarrow CaCO_{3(s)} + 2NaOH_{(aq)}$$

Alguns pontos ainda necessitavam de ajustes para melhorar a viabilidade do processo. A segunda etapa, por exemplo, era toda processada em fase sólida, sendo considerada mais onerosa em relação ao transporte dos produtos. Vale lembrar que processos realizados por via úmida facilitam o escoamento da produção, minimizando os gastos. Outro ponto desfavorável era a geração de dois subprodutos de difícil gerenciamento:

o gás clorídrico e o sulfeto de cálcio, que na época não tinham demanda de consumo. Tendo isso vista, para tentar contornar esses problemas, em 1861, o químico Belga Ernest Solvay aprimorou a síntese utilizando amônia (NH_3), carbonato de cálcio ($CaCO_3$) e dióxido de carbono (CO_2) como precursores. Esse processo ficou conhecido como *Processo Solvay*, ou *Amônia-Soda*. Primeiramente, preparava-se uma salmoura:

Equação 6.31

$$NaCl_{(s)} + H_2O_{(l)} \rightarrow NaCl_{(aq)}$$

O gás carbônico, utilizado na etapa posterior do processo, era gerado pela queima do carbonato de cálcio:

Equação 6.32

$$CaCO_{3(s)} \rightarrow CaO_{(s)} + CO_{2(g)}$$

A salmoura era, então, saturada com amônia, e, após a injeção de CO_2, ocorria a precipitação do bicarbonato de sódio ($NaHCO_3$):

Equação 6.33

$$NaCl_{(aq)} + H_2O_{(l)} + NH_{3(g)} + CO_{2(g)} \rightarrow NH_4Cl_{(aq)} + NaHCO_{3(s)}$$

O sólido formado passava por um processo de filtração, lavagem e seguia para um forno, onde ocorria sua degradação térmica:

Equação 6.34

$$NaHCO_{3(s)} \rightarrow Na_2CO_{3(s)} + H_2O_{(v)} + CO_{2(g)}$$

Na obtenção da soda cáustica, repete-se a caustificação descrita na Equação 6.30.

O uso de insumos mais baratos com possibilidade de recuperação de alguns deles alavancou rapidamente o processo Solvay, levando-o à predominância no mercado. O caso específico da amônia tem destaque nesse processo, pois sua recuperação envolve o reaproveitamento de dois subprodutos, o cloreto de amônio (NH_4Cl) e o óxido (CaO) – o último dos quais é responsável pela geração da água de cal ($Ca(OH)_2$):

Equação 6.35

$$CaO_{(s)} + H_2O_{(l)} \rightarrow Ca(OH)_{2(aq)}$$

Equação 6.36

$$NH_4Cl_{(aq)} + Ca(OH)_{2(aq)} \rightarrow 2NH_{3(g)} + CaCl_{2(s)} + 2H_2O_{(l)} + CO_{2(g)}$$

O dióxido de carbono gerado nessa etapa – Equação 6.36 – também é aproveitado, sendo coletado e inserido novamente no início do processo referente à Equação 6.33. Somente um subproduto é gerado por esse processo: o cloreto de cálcio ($CaCl_2$).

Em 1890, trabalhos distintos do químico americano Hamilton Castner e do químico austríaco Karl Kellner conseguiram aprimorar e demonstrar viabilidade em um processo que já era conhecido desde 1851, proposto por Charles Watt: a rota eletroquímica da salmoura. Nesse eficiente processo, a produção de soda e cloro ocorria de forma simultânea. Com a parceria dos dois, foi fundada, em 1895, a Castner-Kellner Alkali Company, que espalhou plantas industriais por toda Europa. Até 1925, somente 6% da produção mundial da soda era realizada por essa rota.

A grande dificuldade de superar a produção de soda Solvay por esse processo era o baixo consumo de cloro nessa época, utilizado apenas no branqueamento de tecidos, tornando-o um subproduto do processo. Entretanto, nos anos seguintes, alguns fatos começaram a modificar essa situação: o gás cloro e seus derivados começaram a ganhar destaques em áreas de branqueamento têxtil; de papel; de uso bélico, na Primeira Guerra Mundial; de defensivos agrícolas; de desinfecção de água; e principalmente, mais adiante, da indústria do plástico (PVC).

Nesse cenário, a produção de soda cáustica Solvay foi superada, já na década de 1940, pela soda cáustica eletroquímica, que confirmou sua primazia duas décadas depois, dominando praticamente todo mercado. Nos dias atuais, esse é, aliás, o processo que permanece majoritário, tendo pequenas variações, em função do tipo de célula eletrolítica usado (mercúrio, diafragma e membrana), como discutido anteriormente.

O processo de obtenção da soda por essas tecnologias envolve basicamente a evaporação do efluente; contudo, a qualidade desse produto está diretamente relacionada à célula utilizada. A de mercúrio, diferentemente das outras duas, tem dois efluentes líquidos: um de amálgama e outro de salmoura diluída. O sódio está concentrado no amálgama de Na–Hg, que é tratado na célula secundária, como visto na Figura 6.1, gerando um efluente mais concentrado, em torno de 50%. Essa concentração alta diminui os gastos energéticos com o processo de evaporação. Outra vantagem é que, na célula que o sódio é recuperado – ou seja, a secundária –, não há a presença de cloretos. Essa particularidade credencia o processo em questão como a tecnologia de obtenção da soda mais pura, com teor de cloreto de sódio menor que 30 ppm.

Na célula de diafragma (Figura 6.2), o efluente consiste em uma solução diluída de NaOH, com concentrações próximas de 12% em massa. A baixa concentração exige um gasto energético mais dispendioso no processo de evaporação. Além disso, como a eficiência dessa célula é da ordem de 50% e o diafragma não é seletivo somente para sódio, uma parte de íons cloro persistirá no efluente, atingindo uma faixa próxima a 15% de NaCl. No caso da célula de membrana (Figura 6.3), a seletividade da membrana que separa os eletrodos impede o transporte de íons cloreto e hidróxido, favorecendo o aumento da concentração de NaOH (33%) e diminuindo a concentração de cloreto bem abaixo da célula de diafragma.

Para a comercialização, esses efluentes precisam ser concentrados na etapa de evaporação, com objetivo de eliminar água e aumentar a concentração de soda. Esse processo também permite que se separe o excesso de sal contaminante, uma vez que a solubilidade do cloreto é baixa em soluções básicas. A evaporação de solução até concentração de 50% é realizada em evaporadores a vapor de estágios duplos ou triplos. Atingindo essa concentração, é possível realizar a separação do sal que vai precipitar, o qual, quando passa por um sedimentador, é separado do processo, lavado e destinado para o início do processo na formação de uma nova salmoura. O NaOH 50% já pode ser comercializado nessa forma líquida e com distribuição em tambores ou caminhões-tanques.

Para obtenção da soda sólida (escamas), a solução 50% continua o processo de evaporação ainda com vapor, até atingir uma concentração entre 70% e 75%. Essa solução tem que ser transferida quente por tubulações também aquecidas (a fim de evitar cristalização) para reatores de ferro fundido à temperatura de 600 °C. Esse tratamento possibilita a perda de 99% da água ainda presente. O bombeamento para uma máquina de escamação finaliza o produto no formato de escamas, as quais são comercializadas em sacos de 25 kg. A soda via célula de diafragma terá um teor de 1% a 1,5% de cloreto de sódio, ao passo que a via célula de membrana terá valores menores que 50 ppm. Comercialmente, a soda tem uma classificação em função do teor de cloretos presente, sendo o grau comercial com 2,2% e o grau rayon com 0,03%.

6.5 Principais aplicações e setores de consumo da soda cáustica

A soda cáustica (NaOH) tem uma grande variedade de aplicações. Ela chega diretamente ao consumidor comum na sua forma sólida. Em razão de sua alta capacidade desengordurante, é frequentemente usada em residências para desentupimento de pias e de ralos. Contudo, é na indústria que se encontra seu uso extensivo: lá pode servir de insumo nas indústrias químicas e petroquímicas; nas de papel e de celulose; nas de alimentos e de bebidas; e nas de sabões e detergentes. Também pode ser encontrada na metalurgia (principalmente na indústria do alumínio). Por ser uma base forte, pode ser empregada em diversas situações de neutralizações de efluentes industriais ácidos, tanto líquidos quanto gasosos. Diversamente do cloro, o hidróxido de sódio raramente é incorporado ao produto, sendo um intermediário do processo.

Na indústria petroquímica, desempenha um importante papel na retirada de gases ácidos contaminantes, como o gás carbônico (CO_2), as mercaptanas (R-SH) e o gás sulfídrico (H_2S), sendo este último altamente tóxico e inflamável. O processo é realizado em uma torre de lavagem cáustica após o craqueamento, para frações leves como o gás combustível, o GLP e as naftas. Nessa torre, o gás proveniente do craqueamento é inserido em fluxo contracorrente da solução de hidróxido de sódio, favorecendo as seguintes reações:

Equação 6.37

$$CO_{2(g)} + 2NaOH_{(aq)} \rightleftharpoons Na_2CO_{3(aq)} + H_2O_{(l)}$$

Equação 6.38

$$H_2S_{(g)} + 2NaOH_{(aq)} \rightleftharpoons Na_2S_{(aq)} + 2H_2O_{(l)}$$

Equação 6.39

$$RSH_{(g)} + NaOH_{(aq)} \rightleftharpoons NaRS_{(aq)} + H_2O_{(l)}$$

Essa lavagem também consegue remover, em menor quantidade, cianetos e fenóis. Em situações de perfurações de petróleo e gás natural, a soda é inserida no local, auxiliando na lubrificação e no resfriamento dos materiais de perfuração, ao mesmo tempo que ajuda a solubilizar componentes presentes na lama e diminui a tensão interfacial entre a solução e a rocha.

A soda, aliás, desempenha um papel fundamental na indústria de papel e celulose desde os anos de 1854, com a patente do processo soda, otimizado posteriormente pelo processo Kraft. Os cavacos de madeira, insumos para essa indústria, são digeridos em soluções alcalinas dentro de reatores com temperaturas na ordem de 170 °C. Esse cozimento é responsável pela dissolução de praticamente 80% da lignina e de 50% da hemicelulose presentes nos cavacos, restando a parte de interesse, que é a celulose. Ainda nesse mesmo processo, o hidróxido de sódio volta a ser utilizado em etapas mais adiantadas do processo que envolve o branqueamento da pasta celulósica, a qual proporcionará uma alvura apropriada para o produto.

O processo milenar de fabricação de sabão já sofreu grandes avanços nesse tempo todo, mas continua tendo a reação de saponificação (ou hidrólise alcalina) como caminho para obter sabões e detergentes. Os insumos básicos permanecem sendo óleos, gorduras e álcalis. O hidróxido de sódio desempenha um papel de primeira ordem nesse processo, pois é o responsável pela hidrólise do éster, formando glicerina e um tensoativo que é base para sabões e detergentes. Esse setor supriu a diminuição no consumo do sabão em barra nas últimas décadas por produtos mais práticos, como os detergentes líquidos e em pó.

A rota de produção de alumínio utilizada atualmente (processo Bayer) envolve o uso de considerada quantidade de hidróxido de sódio em seu processo, porque a composição do minério utilizado para sua obtenção, conhecido como *bauxita*, é um material heterogêneo formado por uma mistura de hidróxidos de alumínio e de impurezas. O hidróxido de sódio solubiliza os hidróxidos de alumínio, com a vantagem de não dissolver as impurezas, formando um aluminato de sódio que pode ser separado por filtração. A solução, quando resfriada, é hidrolisada, criando o hidróxido de alumínio, que é calcinado até a conversão para alumina. Para obter o metal, é utilizada uma eletrólise. Na metalurgia, ainda se explora essa capacidade de solubilizar metais formando hidróxidos insolúveis, principalmente em instalações de galvanização de metal. O efluente desse processo contém metais pesados, que são dissolvidos pela ação da soda e precipitados como hidróxidos, os quais podem ser separados.

    O hidróxido de sódio também é aplicado na indústria alimentícia, corrigindo pH, como no caso do leite, ou mesmo em processos de remoção de cascas e peles de legumes. Na indústria têxtil, é o processo de beneficiamento, criado no século XIX por John Mercer, denominado *mercerização*, que utiliza um tratamento com NaOH. A reação das fibras com a soda cáustica causa um intumescimento que diminui as zonas amorfas da celulose, resultando em uma hidrofilidade da fibra com aparência mais lustrosa e toque mais macio.

    A produção doméstica de soda no ano de 2020 conseguiu suprir somente 34,5% do consumo nacional, índice inferior ao do ano anterior, de 40,7%, mas aumentou significativamente a importação (Abiclor, 2020). Sua distribuição por segmento de consumo pode ser observada no Gráfico 6.3.

Gráfico 6.3 – Segmentação do consumo da produção nacional de hidróxido de sódio no ano de 2020

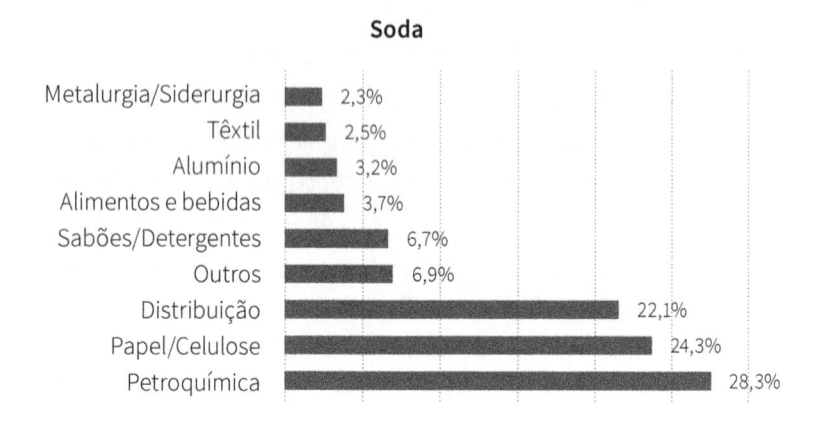

Soda

Segmento	%
Metalurgia/Siderurgia	2,3%
Têxtil	2,5%
Alumínio	3,2%
Alimentos e bebidas	3,7%
Sabões/Detergentes	6,7%
Outros	6,9%
Distribuição	22,1%
Papel/Celulose	24,3%
Petroquímica	28,3%

Fonte: Elaborado com base em Abiclor, 2020.

Nas últimas décadas, a demanda de soda privilegia a forma líquida, principalmente no caso de indústria de menor porte, em que a etapa de diluição da soda em escamas exige uma etapa adicional, com instalações adequadas.

Síntese

Neste capítulo, evidenciamos a importância das indústrias de cloro-álcalis nos cenários nacional e internacional, em razão de serem fontes de insumos para diferentes indústrias químicas na produção de uma vasta gama de produtos comerciais amplamente utilizados no cotidiano. A evolução nos processos de produção demonstra como as questões ambientais são importantes e impactam diretamente os rumos e as estratégias da indústria. A produção de cloro e de soda ocorre de modo concomitante no mesmo processo industrial; contudo, como a tecnologia empregada na produção é eletrointensiva, tem a energia elétrica como seu principal custo industrial. Atualmente, essa indústria vem sofrendo um alto impacto, em virtude do crescente aumento nas tarifas de energia elétrica decorrente do aumento do consumo energético que ocorre em âmbito mundial e que não vem seguido de expansão na produção.

Atividades de autoavaliação

1. Com relação à tecnologia de membrana, é correto afirmar:
    a) O consumo energético é uma desvantagem do processo.
    b) A soda obtida tem o menor nível de cloreto de sódio.
    c) Necessita de uma salmoura de melhor qualidade.
    d) Apesar de ser a mais antiga, não é a mais eficiente.
    e) Atualmente, está perdendo prioridade no mercado.

2. Sobre o gás cloro, assinale a opção **incorreta**:
    a) É o principal agente branqueador na indústria de papel e de celulose.
    b) Foi descoberto pelo químico Carl W. Scheele.
    c) Seus derivados, como os organoclorados, sofreram várias restrições nas décadas recentes.
    d) Tem um grande consumo cativo, em razão da dificuldade de transporte.
    e) Já foi utilizado como arma química.

3. Sobre o efluente da célula secundária do processo que utiliza célula de mercúrio, é correto afirmar:
   a) Precisa ser diluído para poder retornar à célula secundária.
   b) Pode ser diretamente descartado.
   c) É prejudicial por apresentar elevada concentração de NaOH (50%).
   d) É composto basicamente pelo amálgama Na–Hg.
   e) Tem níveis baixíssimo de íons cloreto.

4. Quanto ao hidróxido de sódio, é correto afirmar:
   a) O método mais viável para sua obtenção é o Solvay.
   b) Usualmente é conhecido como *barrilha*.
   c) Para obtenção de sua forma sólida, basta deixar evaporar a água a 100 °C.
   d) É altamente higroscópico.
   e) Por ser uma base fraca, é muito utilizado na metalurgia.

5. Sobre o processo atual da indústria cloro-álcalis, que é eletrointensivo, é correto afirmar:
   a) Os eletrodos utilizados são de grafite e aço inox.
   b) Produz uma proporção em massa de 1 de soda cáustica para 1,12 de cloro.
   c) A princípio, sua limitação era a baixa demanda de cloro.
   d) Atualmente, dois processos são utilizados, o de diafragma e o de membrana.
   e) O custo energético tem influência mais significativa na produção do cloro.

Atividades de aprendizagem

Questões para reflexão

1. Por que os preços do cloro e da soda cáustica, quando obtidos utilizando processo eletroquímico, são intimamente ligados?

2. Se a tecnologia de obtenção de cloro-álcalis via célula de mercúrio produz uma soda cáustica mais pura, qual o motivo para sua aposentadoria prevista para o ano de 2025?

3. Em ambos os processos, diafragma e membrana, os eletrodos estão separados por um elemento semipermeável. Pense a respeito disso e discuta o motivo de a célula de membrana ser considerada mais vantajosa.

Atividade aplicada: prática

1. Assista ao documentário *O curso d'água* (2018), do diretor Juliano Luccas, produzido pela Ludovico Filmes. Correlacione o papel vital do cloro na purificação da água com os conceitos abordados no capítulo e, se for o caso, com o que foi apresentado pelo documentário.

   O CURSO d'água. Direção: Juliano Luccas. Brasil: Ludovico Filmes, 2018. 84 min.

Considerações finais

Neste livro, buscamos demonstrar a atividade da indústria química a partir de seis de seus processos mais utilizados. A ênfase nos processos deve-se ao fato de que o domínio das etapas envolvidas na produção, desde as mais básicas até as mais complexas, é definitivo tanto para a garantia da qualidade quanto para a possibilidade de inovações. Isso explica o cuidado em cada capítulo, sobretudo com a exposição detalhada das etapas e das reações de cada processo, no intuito de ajudar especialmente os químicos que são responsáveis por esses processos.

Dessa forma, o presente trabalho oferece meios para uma compreensão mais prática e acessível, o que o torna material para consulta e referência – ao menos, assim esperamos.

Estamos atentos ao dinamismo do setor industrial, por isso voltamos nossos esforços para oferecer, de modo mais atualizado possível, informações sobre os elementos fundamentais que não podem faltar aos que já trabalham na área da indústria química ou aos que desejam ampliar a compreensão sobre os processos referentes a esse campo – independentemente de seu foco, nossa expectativa é de contribuir.

Referências

ABICLOR – Associação Brasileira da Indústria de Alcális, Cloro e Derivados. **Balanço Socioeconômico da Indústria de Cloro-Álcalis no Brasil 2020**. Análise produzida por Fernando Garcia de Freitas, Andrea Camara Bandeira e Ana Lelia Magnabosco. São Paulo: Abiclor, 2020. Disponível em: <http://www.abiclor.com.br/wp-content/uploads/2021/04/Abiclor_Balanco_socioeconomico_2020.pdf>. Acesso em: 7 dez. 2022.

ABIOVE – Associação Brasileira das Indústrias de Óleos Vegetais. **Gerência de Economia, Estatística Brasil**: Complexo Soja. São Paulo, 2021.

ABIPLA – Associação Brasileira das Indústrias de Produtos de Higiene, Limpeza e Saneantes de Uso Doméstico e de Uso Profissional. **Anuário Abipla 2021**. 16 ed. São Paulo, 2021.

ABNT – Associação Brasileira de Normas Técnicas. **NBR 16697**: Cimento Portland – Requisitos. Rio de Janeiro, 2018.

ABRELPE – Associação Brasileira de Empresas de Limpeza Pública e Resíduos Sólidos. **Panorama dos resíduos sólidos no Brasil 2020**. São Paulo, 2021.

ABRIFA – Associação Brasileira das Indústrias de Óleos Essenciais, Produtos Químicos Aromáticos, Fragrâncias, Aromas e Afins. Disponível em: <http://www.abifra.org.br>. Acesso em: 7 dez. 2022.

ASSUNÇÃO, F. C. R. **Siderurgia no Brasil 2010-2025**: subsídios para tomada de decisão. Brasília: Centro de Gestão e Estudos Estratégicos, 2010.

BIZZO, H. R.; HOVELL, A. M. C.; REZENDE, C. M. Óleos essenciais no Brasil: aspectos gerais, desenvolvimento e perspectivas. **Química Nova**, v. 32, p. 588-594, 2009.

BOGUE, R. H. **The Chemistry of Portland Cement**. New York: Reinhold Publishing, 1947.

BRASIL. Decreto n. 8.772, de 11 de maio de 2016. **Diário Oficial da União**, Poder Executivo, Brasília, DF, 12 maio 2016. Disponível em: <https://www.planalto.gov.br/ccivil_03/_ato2015-2018/2016/decreto/d8772.htm>. Acesso em: 7 dez. 2022.

BRASIL. Decreto n. 9.470, de 14 de agosto de 2018. **Diário Oficial da União**, Poder Executivo, Brasília, DF, 15 ago. 2018. Disponível em: <http://www.planalto.gov.br/ccivil_03/_ato2015-2018/2018/decreto/D9470.htm>. Acesso em: 7 dez. 2022.

BRASIL. Lei n. 7.365, de 13 de setembro de 1985. **Diário Oficial da União**, Poder Legislativo, Brasília, DF, 13 set. 1985. Disponível em: <https://www.planalto.gov.br/ccivil_03/leis/l7365.htm>. Acesso em: 7 dez. 2022.

BRASIL. Lei n. 9.976, de 3 de julho de 2000. **Diário Oficial da União**, Poder Legislativo, Brasília, DF, 4 jul. 2000. Disponível em: <http://www.planalto.gov.br/ccivil_03/leis/l9976.htm>. Acesso em: 7 dez. 2022.

BRASIL. Lei n. 11.097, de 13 de janeiro de 2005. **Diário Oficial da União**, Poder Executivo, Brasília, DF, 14 jan. 2005a. Disponível em: <https://legislacao.presidencia.gov.br/atos/?tipo=LEI&numero=11097&ano=2005&ato=d18QTVE5EMRpWT68f>. Acesso em: 7 dez. 2022.

BRASIL. Lei n. 12.305, de 2 de agosto de 2010. **Diário Oficial da União**, Poder Legislativo, Brasília, DF, 3 ago. 2010. Disponível em: <http://www.planalto.gov.br/ccivil_03/_ato2007-2010/2010/lei/l12305.htm>. Acesso em: 7 dez. 2022.

BRASIL. Lei n. 13.123, de 20 de maio de 2015. **Diário Oficial da União**, Poder Executivo, Brasília, DF, 21 maio 2015. Disponível em: <https://www.planalto.gov.br/ccivil_03/_ato2015-2018/2015/lei/l13123.htm>. Acesso em: 7 dez. 2022.

BRASIL. Lei n. 13.576, de 26 de dezembro de 2017. **Diário Oficial da União**, Poder Legislativo, Brasília, DF, 27 dez. 2017. Disponível em: <http://www.planalto.gov.br/ccivil_03/_ato2015-2018/2017/lei/l13576.htm>. Acesso em: 7 dez. 2022.

BRASIL. Medida Provisória n. 214, de 13 de setembro de 2004. **Diário Oficial da União**, Poder Executivo, Brasília, DF, 14 set. 2004. Disponível em: <http://www.planalto.gov.br/ccivil_03/_ato2004-2006/2004/Mpv/214.htm>. Acesso em: 7 dez. 2022.

BRASIL. Ministério da Agricultura, Pecuária e Abastecimento. Portaria n. 43, de 22 de março de 2019. **Diário Oficial da União**, Poder Executivo, Brasília, DF, 18 abr. 2019a. Disponível em: <https://www.gov.br/agricultura/pt-br/acesso-a-informacao/participacao-social/consultas-publicas/2019/portaria-no-43-de-22-de-marco-de-2019-regulamento-tecnico-de-margarina>. Acesso em: 7 dez. 2022.

BRASIL. Ministério da Saúde. Portaria n. 2.914, de 12 de dezembro de 2011. Anexo X. **Diário Oficial da União**, Poder Legislativo, Brasília, DF, 13 dez. 2011. Disponível em: <https://bvsms.saude.gov.br/bvs/saudelegis/gm/2011/anexo/anexo_prt2914_12_12_2011.pdf>. Acesso em: 7 dez. 2022.

BRASIL. Ministério da Saúde. Agência Nacional de Vigilância Sanitária. Instrução Normativa n. 87, de 15 de março de 2021. **Diário Oficial da União**, Poder Legislativo, Brasília, DF, 17 mar. 2021a. Disponível em: <http://antigo.anvisa.gov.br/documents/10181/5887540/IN_87_2021_.pdf/10472f9f-5e55-4da1-84a7-04f24d26c858>. Acesso em: 7 dez. 2022.

BRASIL. Ministério da Saúde. Agência Nacional de Vigilância Sanitária. Resolução RDC n. 270, de 22 de setembro de 2005. **Diário Oficial da União**, Poder Executivo, Brasília, DF, 23 set. 2005b. Disponível em: <https://bvsms.saude.gov.br/bvs/saudelegis/anvisa/2005/rdc0270_22_09_2005.html>. Acesso em: 7 dez. 2022.

BRASIL. Ministério da Saúde. Agência Nacional de Vigilância Sanitária. Resolução RDC n. 332, de 23 de dezembro de 2019. **Diário Oficial da União**, Poder Executivo, Brasília, DF, 26 dez. 2019b. Disponível em: <https://www.in.gov.br/en/web/dou/-/resolucao-rdc-n-332-de-23-de-dezembro-de-2019-235332281>. Acesso em: 7 dez. 2022.

BRASIL. Ministério da Saúde. Agência Nacional de Vigilância Sanitária. Resolução RDC n. 481, de 15 de março de 2021b. **Diário Oficial da União**, Poder Executivo, Brasília, DF, 17 mar. 2021. Disponível em: <https://www.in.gov.br/web/dou/-/resolucao-rdc-n-481-de-15-de-marco-de-2021-309012789>. Acesso em: 7 dez. 2022.

BRASIL. Ministério da Saúde. Agência Nacional de Vigilância Sanitária. Resolução RDC n. 482, de 23 de setembro de 1999. **Diário Oficial da União**, Poder Executivo, Brasília, DF, 24 set. 1999. Disponível em: <https://bvsms.saude.gov.br/bvs/saudelegis/anvisa/1999/res0482_23_09_1999.html>. Acesso em: 7 dez. 2022.

BRASIL. Ministério de Minas e Energia. Agência Nacional do Petróleo, Gás Natural e Biocombustíveis. **Anuário estatístico brasileiro do petróleo, gás natural e biocombustíveis 2020**. Rio de Janeiro, 2020a.

BRASIL. Ministério de Minas e Energia. Agência Nacional do Petróleo. Resolução n. 45, de 25 de agosto de 2014. **Diário Oficial da União**, Poder Legislativo, Brasília, DF, 26 ago. 2014. Disponível em: <https://www.legisweb.com.br/legislacao/?id=274064>. Acesso em: 7 dez. 2022.

BRASIL. Ministério de Minas e Energia. Secretaria de Energia Elétrica. Departamento de Gestão do Setor Elétrico. **Informativo Gestão Setor Elétrico Ano 2020**. Brasília, 2020b. Disponível em: <https://www.gov.br/mme/pt-br/assuntos/secretarias/energia-eletrica/publicacoes/informativo-gestao-setor-eletrico/3o-quadr-2020-texto-informativo-gestao-do-setor-eletrico.pdf>. Acesso em: 7 dez. 2022.

BRASIL. Ministério do Meio Ambiente. Conselho Nacional do Meio Ambiente. Resolução n. 359, de 29 abril de 2005. **Diário Oficial da União**, Poder Executivo, Brasília, DF, 3 maio 2005c. Disponível em: <http://www.mpsp.mp.br/portal/page/portal/cao_urbanismo_e_meio_ambiente/legislacao/leg_federal/leg_fed_resolucoes/leg_fed_res_conama/res35905.pdf>. Acesso em: 7 dez. 2022.

CARVALHO, P. S. L. et al. Minério de ferro. **BNDES Setorial**, Rio de Janeiro, n. 39, p. 197-234, 2014. Disponível em: <https://web.bndes.gov.br/bib/jspui/bitstream/1408/4802/1/BS%2039%20min%c3%a9rio%20de%20ferro_P.pdf>. Acesso em: 7 dez. 2022.

COMEX STAT. **Exportação e importação geral**. Disponível em: <http://comexstat.mdic.gov.br/pt/geral>. Acesso em: 7 dez. 2022.

CORREA, C. Estatísticas da Indústria Brasileira de Árvores. 4° trimestre de 2020. **Cenários Ibá**, São Paulo: Ibá, ed. 64, 2020.

FAO – Food and Agriculture Organization of the United Nations. **Global Forest Resources Assessment 2020**. Roma: FAO, 2020.

FERNANDES, E.; GLÓRIA, A. M. S.; GUIMARÃES, B. A. **O setor de soda-cloro no Brasil e no mundo**. Rio de Janeiro: BNDES, 2009.

HERNANDEZ, E. M.; KAMAL-ELDIN, A. **Processing and Nutrition of Fats and Oils**. Oxford: John Wiley & Sons, 2013.

IBÁ – Indústria Brasileira de Árvores. **Reciclagem do papel**: do cidadão à indústria. São Paulo: Ibá, 2020. Disponível em: <http://iba.org/images/shared/Biblioteca/Info_reciclagem_Pt.pdf>. Acesso em: 7 dez. 2022.

IBRAM – Instituto Brasileiro de Mineração. **Mineração em números**. Disponível em: <https://ibram.org.br/mineracao-em-numeros/>. Acesso em: 7 dez. 2022.

INFOMET. **Aços & ligas**. Aço: processos de fabricação. Disponível em: <https://www.infomet.com.br/site/acos-e-ligas.php>. Acesso em: 7 dez. 2022.

INSTITUTO AÇO BRASIL. **Estatísticas da siderurgia 2021**. Brasília, 2021. Disponível em: <https://acobrasil.org.br/site/publicacoes/>. Acesso em: 7 dez. 2022.

INSTITUTO AÇO BRASIL. **Reciclagem do aço**. Disponível em: <https://acobrasil.org.br/site/reciclagem-do-aco-nova/>. Acesso em: 7 dez. 2022.

KUDO, A.; TURNER, R. R. Mercury Contamination of Minamata Bay: Historical Overview and Progress Towards Recovery. In: EBINGHAUS, R. et al. (Eds.). **Mercury Contaminated Sites**. Springer, Berlin: Heidelberg, 1999. (Environmental Science Book Series).

LUZ, A. B.; LINS, F. A. F. Introdução ao tratamento de minérios. In: LUZ, A. B.; SAMPAIO, J. A.; FRANÇA, S. C. A. **Tratamento de minérios**. 5. ed. Rio de Janeiro: CETEM/MCT, 2010. p. 3-20.

O CURSO d'água. Direção: Juliano Luccas. Brasil: Ludovico Filmes, 2018. 84 min.

REDA, S. Y.; CARNEIRO, P. I. B. Óleos e gorduras: aplicações e implicações. **Revista Analytica**, v. 27, p. 60-67, 2007.

SIXTA, H.; POTTHAST, A.; KROTSCHEK, A. W. Chemical Pulping Processes. In: SIXTA, H. **Handbook of Pulp**. Weinheim: Wiley-VCH, 2006. p. 109-509.

SNIC – Sindicato Nacional da Indústria do Cimento. **Relatório Anual 2020**. São Paulo, 2021. Disponível em: <http://snic.org.br/assets/pdf/relatorio_anual/rel_anual_2020.pdf>. Acesso em: 7 dez. 2022.

WORLD STEEL ASSOCIATION. **About steel**. Disponível em: <https://worldsteel.org/about-steel/about-steel/>. Acesso em: 7 dez. 2022.

Bibliografia comentada

AÏTCIN, P. C.; FLATT, R. J. **Science and Technology of Concrete Admixtures**. Cambridge: Elsevier, 2016.

    Essa conceituada obra reúne conceitos-chave para entender melhor os mecanismos de trabalho do concreto, apresentando uma visão concisa sobre as características e o comportamento do cimento Portland, o principal constituinte do concreto. A obra analisa a química por trás da hidratação do cimento para formação e resistência do concreto. O capítulo sobre cimento Portland contempla todas as etapas de produção do cimento, desde a mineração da matéria-prima até a formação do clínquer, incluindo a composição química dele.

ASSUNÇÃO, F. C. R. **Siderurgia no Brasil – 2010-2025**: subsídios para tomada de decisão. Brasília: Centro de Gestão e Estudos Estratégicos, 2010.

    Essa obra foi elaborada pelo Centro de Gestão e Estudos Estratégicos (CGEE) sob supervisão do Ministério da Ciência e Tecnologia do Brasil. A publicação é rica em informações referentes às matérias-primas, rotas tecnológicas e etapas da produção do ferro e do aço. Os panoramas nacional e internacional são apresentados para todas as etapas da produção, com apoio em ricas ilustrações.

BRASIL. Instrução Normativa n. 87, de 15 de março de 2021. **Diário Oficial da União**, Poder Legislativo, Brasília, DF, 17 mar. 2021. Disponível em: <http://antigo.anvisa.gov.br/documents/10181/5887540/IN_87_2021_.pdf/10472f9f-5e55-4da1-84a7-04f24d26c858>. Acesso em: 7 dez. 2022.

    Essa instrução normativa foi publicada pela Agência Nacional de Vigilância Sanitária (Anvisa) e listou as espécies vegetais autorizadas para produção de óleos e gorduras, as designações, a composição de ácidos graxos e os valores máximos de acidez e de índice de peróxidos para óleos e gorduras vegetais. Ela complementa a Resolução RDC n. 481, de 15 de março de 2021, que dispôs sobre os requisitos sanitários para óleos e gorduras vegetais.

IBÁ – Indústria Brasileira de Árvores. **Publicações Ibá**. Disponível em: <https://www.iba.org/publicacoes>. Acesso em: 7 dez. 2022.

A Indústria Brasileira de Árvores (Ibá) é a associação responsável pela representação institucional relacionada ao plantio de árvores, uma das etapas relevantes da cadeia de produção da celulose. Em seu *website*, a Ibá disponibiliza gratuitamente relatórios anuais e boletins informativos que trazem as estatísticas da indústria brasileira de árvores. Além disso, apresenta materiais com enfoque no uso racional dos recursos naturais e sustentabilidade.

MANIASSO, N. Ambientes micelares em química analítica. **Química Nova**, v. 24, p. 87-93, fev. 2001. Disponível em: <https://www.scielo.br/j/qn/a/YJY8D7gPbFthRVTJdS3cssp/?lang=pt>. Acesso em: 7 dez. 2022.

Sobre a propriedade tensoativa dos produtos de limpeza, esse artigo é excelente para compreender as principais características dos tensoativos. No texto, o autor discute o que são tensoativos, suas estruturas químicas e suas principais classes. O artigo conta com ilustrações claras sobre a formação e a estabilidade da micela, bem como sobre o papel dela em meios reacionais, em virtude da alteração da cinética de reação.

O'BRIEN, T. F.; BOMMARAJU, T. V.; HINE, F. **Handbook of Chlor-Alkali Technology**. New York: Springer, Elsevier, 2005.

Obra de extrema relevância na área, serve de referência pelo conteúdo abordado e pelo nível de detalhamento apresentado. Dividida em cinco volumes, descreve todo o histórico da evolução dessa indústria, discutindo desde os aspectos básicos das células eletroquímicas ao aprofundamento teórico termodinâmico e cinético envolvido no processo. Aborda, ainda, aspectos práticos da engenharia e da operação de plantas industriais, além de sistemas de suportes de *hardware* e instrumentação.

SHREVE, R. N.; BRINK JR., J. A. **Indústrias de processos químicos**. 4. ed. Rio de Janeiro: Guanabara Koogan, 2012.

Essa obra constitui-se em material relevante sobre processos da indústria química. Ela utiliza dados econômicos, fluxogramas, balanços de massa e outras ferramentas para tratar da engenharia química do processo. É uma bibliografia comum a cursos com abordagens tecnológicas, entre eles o de química industrial. A sua leitura é importante para o leitor que deseja mais detalhamentos sobre as operações unitárias do processo industrial.

Respostas

Capítulo 1

Atividades de autoavaliação

1. a
2. c
3. b
4. b
5. d

Atividades de aprendizagem

Questões para reflexão

1. A resposta deve abordar as vantagens econômicas e energéticas que o processo permite. Por meio dele, são possíveis ciclos mais curtos de cozimento, recuperação economicamente viável dos reagentes e produção de pastas de alto rendimento.

2. A resposta deve indicar que, em função do grau de alvura desejado para o papel, a eliminação da lignina se faz em vários estágios, por razões tanto técnicas como econômicas. Esses processos envolvem reagentes químicos diversos, incluindo alvejantes baseados em cloro, que geram grande quantidade de compostos organoclorados liberados para o meio ambiente.

3. A resposta deve explanar que a prática da reciclagem da celulose pode acarretar economia, pois há uma redução da poluição do ar, da poluição da água e dos gastos operacionais.

Capítulo 2
Atividades de autoavaliação

1. b
2. d
3. a
4. e
5. b

Atividades de aprendizagem

Questões para reflexão

1. A resposta deve conter uma análise da quantidade e do valor econômico do óleo presente no material vegetal.

2. A resposta deve abordar o mecanismo de formação dos ésteres de interesse na mistura do biodiesel a partir dos triglicerídeos presentes em óleo vegetal ou na gordura animal.

3. A resposta deve apresentar aspectos relacionados à produção nacional de etanol e à qualidade do biodiesel etanólico quando comparado ao biodiesel metanólico.

Capítulo 3

Atividades de autoavaliação

1. e
2. c
3. c
4. d
5. b

Atividades de aprendizagem

Questões para reflexão

1. A resposta deve apresentar as reações químicas entre as moléculas de sabão e o Ca^{2+}, processo que gera compostos insolúveis (perdendo a capacidade de limpeza) e reações químicas entre as moléculas de detergentes e Ca^{2+}, bem como gera compostos solúveis (mantendo a capacidade de limpeza).

2. A resposta deve conseguir explicar o efeito tensoativo da molécula de sabão, que permite o maior contato entre a água e a sujeira, possibilitando a remoção desse indesejável componente.

Capítulo 4

Atividades de autoavaliação

1. a
2. d

3. d

4. c

5. b

Atividades de aprendizagem

Questões para reflexão

1. A resposta deve abordar que a função do coque é reduzir o minério e fornecer calor, para que ocorram as reações de redução.

2. Uma análise do diagrama de fase da liga Fe–C deve ser realizada, destacando as principais composições que são formadas e descrevendo as propriedades mecânicas em função da quantidade de carbono solubilizado.

3. A resposta deve abordar que as etapas de mineração e de redução do ferro são dispensáveis e que, por isso, há uma economia de minério de ferro, de carvão mineral e de energia elétrica, além da redução das emissões de CO_2.

Capítulo 5

Atividades de autoavaliação

1. b

2. c

3. e

4. c

5. a

Atividades de aprendizagem

Questões para reflexão

1. A resposta deve tratar das diferentes composições químicas das matérias-primas extraídas de depósitos minerais.

2. A resposta deve abordar a troca dos combustíveis utilizados para fornecer energia para os fornos cimenteiros, bem como a mudança de produção de processo via úmida para via seca.

3. A resposta deve correlacionar as propriedades do concreto fresco ou endurecido e os aditivos utilizados. Para o caso do gesso, deve-se relacionar o tempo de pega com a presença desse mineral.

Capítulo 6

Atividades de autoavaliação

1. c
2. a
3. e
4. d
5. c

Atividades de aprendizagem

Questões para reflexão

1. A resposta deve relatar a forma de obtenção dos dois produtos pela tecnologia eletroquímica, relacionando as quantidades e as proporções obtidas com oferta e demanda.

2. A resposta deve abordar a qualidade do efluente desse processo e correlacioná-la com as questões ambientais previstas na legislação atual.

3. A resposta deve conter um comparativo das vantagens e desvantagens de cada processo, com argumentos substanciais para fomentar a discussão.

Sobre os autores

Alberthmeiry Teixeira de Figueiredo é doutor e mestre em Química Inorgânica pela Universidade Federal de São Carlos (UFSCar) e graduado em Química pela Universidade de Brasília (UnB). É professor do Instituto de Química da Universidade Federal de Catalão (UFCAT), em Goiás. Publicou mais de 30 artigos, a maioria em periódicos de veiculação internacional, quase todos relacionados à química de materiais. Realizou pesquisas em nível de pós-doutoramento na Universidade Estadual Paulista (Unesp), em Araraquara. É docente permanente dos programas de Pós-Graduação em Química e Ciência dos Materiais da UFCAT. Suas atividades de pesquisa estão voltadas para química de óxidos multifuncionais e para produção de energia alternativa.

Cristiano Morita Barrado é doutor em Ciências e mestre em Química (na área de Físico-Química) pela Universidade Federal de São Carlos (UFSCar) e graduado em Química, também pela UFSCar. É professor associado II pela Universidade Federal de Catalão (UFCAT). Já atuou como professor adjunto na Universidade Federal do Pará (UFPA) entre os anos de 2009 e 2014 e como professor associado na Universidade Federal de Goiás (UFG) entre os anos de 2014 e 2019. Tem experiência nas áreas de Química Inorgânica, Físico-Química e Materiais, atuando principalmente nos seguintes temas: sínteses de nanomateriais, síntese hidrotérmica, fotoluminescência e processos oxidativos avançados (POA). É autor de mais de 20 publicações científicas e também de 2 patentes.

Os papéis utilizados neste livro, certificados por instituições ambientais competentes, são recicláveis, provenientes de fontes renováveis e, portanto, um meio **respons**ável e natural de informação e conhecimento.

FSC
www.fsc.org
MISTO
Papel produzido a partir de fontes responsáveis
FSC® C103535

Impressão: Reproset
Março/2023